大学テキストシリーズ　シリーズ巻構成

通信・信号処理部門
- ディジタル信号処理
- 通信方式
- 情報通信ネットワーク
- 光通信工学
- ワイヤレス通信工学

情報部門
- 情報・符号理論
- アルゴリズムとデータ構造
- 並列処理
- メディア情報工学
- 情報セキュリティ
- 情報ネットワーク
- コンピュータアーキテクチャ

刊行にあたって

編集委員長　辻　毅一郎

　昨今の大学学部の電気・電子・通信系学科においては，学習指導要領の変遷による学部新入生の多様化や環境・エネルギー関連の科目の増加のなかで，カリキュラムが多様化し，また講義内容の範囲やレベルの設定に年々深い配慮がなされるようになってきています．

　本シリーズは，このような背景をふまえて，多様化したカリキュラムに対応した巻構成，セメスタ制を意識した章数からなる現行の教育内容に即した内容構成をとり，わかりやすく，かつ骨子を深く理解できるよう新進気鋭の教育者・研究者の筆により解説いただき，丁寧に編集を行った教科書としてまとめたものです．

　今後の工学分野を担う読者諸氏が工学分野の発展に資する基礎を本シリーズの各巻を通して築いていただけることを大いに期待しています．

編集委員会

編集委員長　辻　毅一郎（大阪大学名誉教授）

編集委員（部門順）

共通基礎部門	小川 真人	（神戸大学）
電子デバイス・物性部門	谷口 研二	（奈良工業高等専門学校）
通信・信号処理部門	馬場口 登	（大阪大学）
電気エネルギー部門	大澤 靖治	（東海職業能力開発大学校）
制御・計測部門	前田 裕	（関西大学）
情報部門	千原 國宏	（大阪電気通信大学）

（※所属は刊行開始時点）

OHM 大学テキスト

電気電子計測

田實佳郎 ────［編著］

Ohmsha

「OHM大学テキスト　電気電子計測」
編者・著者一覧

編 著 者	田 實 佳 郎	（関西大学）	[1, 2, 9, 10, 11 章]
執 筆 者	宝 田　　隼	（東京理科大学）	[1, 2, 10 章]
（執筆順）	松 山　　達	（創価大学）	[3, 4, 5 章]
	大 西 正 視	（前 関西大学）	[7, 8 章]
	大 澤 穂 高	（関西大学）	[7, 8 章]
	山 本　　健	（関西大学）	[9, 11 章]
	梅 田 倫 弘	（東京農工大学）	[12, 13 章]
	堀 越 佳 治	（早稲田大学名誉教授）	[14, 15 章]

本書を発行するにあたって，内容に誤りのないようできる限りの注意を払いましたが，本書の内容を適用した結果生じたこと，また，適用できなかった結果について，著者，出版社とも一切の責任を負いませんのでご了承ください．

　本書は，「著作権法」によって，著作権等の権利が保護されている著作物です．本書の複製権・翻訳権・上映権・譲渡権・公衆送信権（送信可能化権を含む）は著作権者が保有しています．本書の全部または一部につき，無断で転載，複写複製，電子的装置への入力等をされると，著作権等の権利侵害となる場合があります．また，代行業者等の第三者によるスキャンやデジタル化は，たとえ個人や家庭内での利用であっても著作権法上認められておりませんので，ご注意ください．

　本書の無断複写は，著作権法上の制限事項を除き，禁じられています．本書の複写複製を希望される場合は，そのつど事前に下記へ連絡して許諾を得てください．

出版者著作権管理機構
（電話 03-5244-5088，FAX 03-5244-5089，e-mail：info@jcopy.or.jp）

JCOPY ＜出版者著作権管理機構 委託出版物＞

まえがき

　現在内閣府から Society 5.0 という概念が提案されています．それは，狩猟社会（Society 1.0），農耕社会（Society 2.0），工業社会（Society 3.0），情報社会（Society 4.0）に続く IoT（Internet of Things）と AI（人口知能）が key になっています．内閣府の発表に以下の記述があります（http://www8.cao.go.jp/cstp/society5_0/index.html）．「Society 5.0 で実現する社会は，IoT（Internet of Things）で全ての人とモノがつながり，様々な知識や情報が共有され，今までにない新たな価値を生み出すことで，これらの課題や困難を克服します．また，人工知能（AI）により，必要な情報が必要な時に提供されるようになり，ロボットや自動走行車などの技術で，少子高齢化，地方の過疎化，貧富の格差などの課題が克服されます．社会の変革（イノベーション）を通じて，これまでの閉塞感を打破し，希望の持てる社会，世代を超えて互いに尊重し合える社会，一人一人が快適で活躍できる社会となります」

　この世界を実現するために良質なビッグデータの収集が欠かせずそのために多数（一兆個）のセンサを配置する計画「Trillion Sensors Universe」などが進められています．正確に把握することが求められ，「計測」「センシング」と呼ばれる分野はそんな社会を支える基本になります．本テキストはそのような分野の基礎技術を学ぶ学部低学年の入門書として，企画，執筆されました．この分野の基本から学び，無理なく応用につなげる意図があります．特に時代が変わっても色褪せない基礎を提供したいと考えました．そのため執筆陣はこの分野で多大な功績を残されてきた方々で大学教育経験の豊富な先生方にお願いしています．一方，初学者以外の方や一般の技術者の方が本テキストの必要な場所を学ぶもことも想定し，各章は連携をとりながら，独立して勉強できるように企画しています．

　執筆していただいた先生方には必要な基礎は丁寧に，また，応用に関しては日進月歩の状況を踏まえできるだけ一般化された知識の提供をお願いしました．トレードオフになる大変無理なお願いを聞いていただき，ここに立派な教科書ができあがりました．オーム社の皆様には粘り強い編集作業をしていただきました．その努力がなければこの教科書は日の目をみなかったはずです．関係された多くの皆様に深く感謝を申し上げます．本当にありがとうございました．

　今，このようにして生まれた教科書，ぜひ隅々まで活用していただければと願ってやみません．

2017 年 12 月

編著者　田實佳郎

目　次

1章　電気電子計測の基礎

1・1　計　測　*1*

1・2　測定法　*3*

1・3　測定誤差　*3*

1・4　誤差を含んだ測定値の精度と統計
　　　的処理　*5*

演 習 問 題　*11*

2章　基本的な電気諸量

2・1　国際基本単位から組み立て電気単
　　　位へ　*13*

2・2　電気標準　*16*

2・3　トレーサビリティ　*19*

2・4　本書での交流波形の記述法　*19*

演 習 問 題　*19*

3章　電　流　計　測

3・1　電流計の内部抵抗　*21*

3・2　電流計　*23*

3・3　オペアンプ回路の基礎　*25*

演 習 問 題　*30*

4章　電　圧　計　測

4・1　電圧計の内部抵抗　*31*

4・2　電位差法　*33*

4・3　電圧計　*34*

演 習 問 題　*37*

5章　抵抗・インピーダンス計測

5・1　直流抵抗の計測　*39*

5・2　インピーダンスの計測　*43*

演 習 問 題　*45*

6章　静　電　気　計　測

6・1　電荷計測　*47*

6・2　表面電位　*51*

演 習 問 題　*55*

7章　電力測定（1）

7・1　直流電力の測定　*56*

7・2　交流電力の測定　*59*

演 習 問 題　*64*

目　次

8章　電力測定（2）

8·1　誘導形電力量計　*66*
8·2　高周波電力の測定　*68*

演 習 問 題　*72*

9章　信号選択技術（1）

9·1　ノイズ　*73*
9·2　静的な信号選択手法　*75*

演 習 問 題　*78*

10章　信号選択技術（2）

10·1　交流波形の測定　*79*
10·2　ディジタルオシロスコープによる
　　　時間波形測定　*80*

10·3　ディジタル値による交流波形の信
　　　号処理　*84*
演 習 問 題　*88*

11章　信号選択技術（3）

11·1　周波数領域測定　*89*
11·2　スペクトル　*89*
11·3　フーリエ級数　*90*
11·4　複素フーリエ級数　*93*
11·5　フーリエ変換　*94*

11·6　ローパスフィルタ　*96*
11·7　バンドパスフィルタ　*97*
11·8　ディジタルオシロスコープとスペ
　　　クトルアナライザ　*98*
演 習 問 題　*100*

12章　現代の計測技術への誘い―光学計測（1）―

12·1　光学計測の基礎　*102*
12·2　光学計測の実際　*107*

演 習 問 題　*115*

13章　現代の計測技術への誘い―光学計測（2）―

13·1　光学顕微鏡の分解能　*117*
13·2　近接場光学顕微鏡の基本構成
　　　　　　　　　　　　　　　118
13·3　観測モード　*119*
13·4　プローブ　*121*
13·5　資料・プローブ間制御　*123*

13·6　光源と検出器　*124*
13·7　走査機構　*125*
13·8　近接場光学顕微鏡による観測例
　　　　　　　　　　　　　　　126
演 習 問 題　*128*

14章　現代の計測技術への誘い―電子工学における計測（1）―

14·1　バンドギャップエネルギー　*129*

v

目　　　次

14・2　真性半導体・キャリア濃度
　　　　130
14・3　不純物の添加　131

14・4　電気伝導機構と移動度　134
　　　　演習問題　135

15章　現代の制御機構への誘い─電子工学における計測（2）─

15・1　ホール効果の原理と導電率
　　　　136
15・2　ホール効果の具体的測定法
　　　　138

演習問題　142

演習問題解答　143
参　考　文　献　152
索　　　　　引　154

1章 電気電子計測の基礎

　本章では電気電子計測を理解するために必要な基礎知識を解説する．はじめに計測とは何か，計測と測定の意味の違い，計測の工程について説明したうえで，本書の各章が計測のどの工程に対応しているかを説明する．その後，測定法の分類や測定したときに発生する誤差，誤差を含んだ測定値の統計的処理方法について解説する．

1・1 計　　測

　電気電子計測を学ぶうえで，計測とは何か，計測はどのような手順で行われるのかを理解しておくことが重要である．また計測の各手順に対して本書の各章はどう対応しているかを説明する．

〔1〕計測とは

　計測とは「何らかの目的を持って，事物を量的にとらえるための方法・手段を考究し，実施し，その結果を用いること」である．同じような意味の言葉に測定がある．**測定**とは「ある量を，基準として用いる量と比較して，数値または符号を用いて表すこと」である．測定の量を M とすると，基準量 U および比較量 C を用いて

$$M = CU \tag{1・1}$$

と表される．一般的に**基準量**は単位が用いられる．電気電子計測の分野で電位を表現したいとき，基準単位の V（ボルト）と比較して，-1.52 倍であるとすると，測定電位量は $-1.52\,\mathrm{V}$ と表現される．

　以上のことをまとめると，両者の言葉の定義は異なり，測定は計測の中に包含されている．すなわち計測とは考究した手段により測定した結果を何らかの目的のために用いることである．この合目的性が計測という言葉に含まれていることが非常に重要である．これから本書で取り扱う全ての計測は，ある目的を持って

1章 電気電子計測の基礎

手段や方法を工夫している点において共通である．

〔2〕本書の計測

図1・1は電気電子計測を理解する上でのブロックダイアグラムである．（1）**信号源**は測定の対象であり電圧，電流，電荷，電力，磁束のみならず，圧力や加速度，温度等の物理量全般を指す．（2）信号源から発せられた測定量を**センサ**により電気信号に変換する．（3）電気信号を計測器により（4）基準量と比較することで測定対象事物の量的な情報を得る．これが測定である．（5）信号源・センサ・測定において必ず**雑音**が混じる．雑音は目的となる情報を得られにくくする．（6）雑音を減らし目的に合った情報を取り出すために増幅器・フィルタなどの電気的な**信号処理**を行う．（7）信号処理によって得られた測定値から**統計処理**により物理量を算出する場合もある．

以上のブロックダイアグラムの中で本書では，1章において測定の基本原理と（7）に示した測定値とその誤差，誤差の統計処理による計測精度について述べ，2章では（4）に示した基本的な電気諸量における基準量について述べる．3章から8章までは（1）～（3）までに示した電圧，電流，電荷，電力測定の考え方およびその具体的な手法について述べる．9章前半では（5）に示した雑音源について触れ，9章後半～11章までは（6）に示した雑音への対策・目的に合った情報を取り出すための電気的信号処理について述べる．12～15章ではこれら全体を踏まえ，現代の応用計測への適用例について述べる．

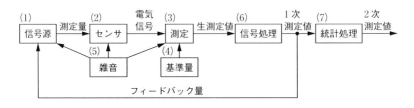

図1・1 計測のブロックダイアグラム

1・3 測 定 誤 差

1・2 測 定 法

測定法にはいくつかの切り口から分類が可能である．これらの考え方から計測を達成するための最良の手法を選択する．

（a） 直接測定と間接測定

測定法は測定データと未知量との関係から直接測定と間接測定の二つに分けられる．**直接測定**は式(1・1)で示した被測定物と同種類の基準と比較して測定する方法である．それに対して**間接測定**はいくつかの独立した直接測定値から計算により測定値を得る方法である．

例えば，電圧計や電流計を用いて電圧や電流を測定する方法は直接測定であり，直接測定において得られた電圧と電流を用いて抵抗値を求める方法は間接測定である．

（b） 偏位法，零位法と置換法

測定系の構成によって偏位法，零位法および置換法に分類される．**偏位法**は指針が偏位した位置を読み取る方法である．電流計や電圧計がこれに当たる．**零位法**は被測定量と基準量の平衡を取り指針を零にして測定値を決める方法である．**置換法**は基準量と被測定量を同じ計器で測定し，両測定値の差から正しい測定値を得る方法である．零位法，置換法共にブリッジ回路がこれにあたる．

1・3 測 定 誤 差

測定には必ず誤差が存在する．誤差そのものと誤差が生じる原因を理解する．

〔1〕測定値と誤差

1・1 節〔1〕項において測定値は基準量の何倍かであることを述べた．しかし，実際の計測においては，雑音によりその真の値とは異なる値を測定される．したがって測定値には常に誤差が含まれると考えてよい．測定値 M と真値 T の差を**誤差** ε といい，以下の関係で表される．

$$M = T + \varepsilon \tag{1・2}$$

実際には**真値**は不明である場合が多く平均値や理論値を真値としている．したがって，それらの平均値を用いて理論を立て，算出された電圧，電流，電力，

3

1章　電気電子計測の基礎

電荷等の値でも真値とは呼べず，平均値として扱うしかない．一般的に測定値が大きくなると誤差の絶対値も大きくなる．そのため真値との比で誤差を表現したほうが適切であることが多い．その比を**誤差率**または**相対誤差**と呼ぶ．

〔2〕誤差の三大要因

　測定値の誤差をできるだけ小さくし，測定の精度（真値からのずれを示す正確さおよび誤差のばらつきを示す正確さ）を得るためには，誤差が発生する要因をよく調べ，その要因に応じた適切な対策をとる必要がある．誤差をその要因で大別すると**まちがい**，**系統誤差**，**偶然誤差**の三つに分けられる．以下にその内容を示す．

（a）まちがい

　読み・記録間違い，取扱い不注意，計器の不整備など，測定者個人が生ずる誤差がまちがいである．ただし，次に述べる個人差のかたよりは系統誤差に入る．再測定や理論値との比較によりこの誤差を取り除くことができる．

（b）系統誤差

　系統誤差は測定器・環境・測定方法による要因で生ずる．各三つの例を次に示す．

（ｉ）測定器…零点ずれ，目盛の校正エラー

（ｉｉ）環境…温度変化による抵抗値の変化，熱膨張

（ｉｉｉ）測定方法…マイクロメータの締め方，測定器の挿入による影響

　測定器のカタログやマニュアルに記載されている誤差はほとんど系統誤差である．しかし，これらの誤差は要因がはっきりしているので，測定値に適切な補正を加えることにより，誤差を減少させることができる．

（c）偶然誤差

　以上に挙げた二つの誤差とは異なり，原因が不明である誤差，あるいは多くの要因が複雑に関連して生ずる誤差が偶然誤差である．多くは雑音がこれに相当し，その発生時期や大きさはランダムである．例えば，配線周りの電気雑音・発熱体からの熱雑音，車通過などによる機械的振動が挙げられる．偶然誤差は，測定の際には取り除けないものの，ランダムであるので相当回数の測定を行い，統計的な処理により，誤差をある範囲内にとどめ，突発的に発生する大きな誤差を減少させることができる．

○── 1・4 ▓ 誤差を含んだ測定値の精度と統計的処理

1・4 誤差を含んだ測定値の精度と統計的処理

　誤差を含んだ測定値の表現方法および統計的に処理する方法について説明する.

〔1〕平均値と標準偏差

　前項において誤差の中でもまちがいと系統誤差を小さくする対策について述べた. 本項では偶然誤差を統計的処理法により, 精度として表現する手法について述べる.

　偶然誤差は, 経験則としてガウスの誤差法則, 以下の三つの事項が成り立つ.

　（ i ）　小さい誤差は大きい誤差よりも起こりやすい.

　（ ii ）　同じ誤差は正負共に同じ割合で起こる.

　（iii）　非常に大きい誤差はほとんど起きない.

　以上のことを示すため, 相当回数の測定を行った時の測定値の一例を**図1・2**(a) に示す. 真値が100 Vである測定電圧に対して1 000回の測定を行った結果である. 測定値を50段階に区切り, その頻度を調べた. その結果を図1・2 (b) に示す. (i) ～ (iii) の法則がほぼ成り立っていることがわかる.

　この関係を確率密度関数で表したものが**ガウス分布（正規分布）**と呼ばれ

$$f(x) = \frac{1}{\sqrt{2\pi\sigma^2}} \exp\left[-\frac{(x-\mu_0)^2}{\sigma^2}\right] \tag{1・3}$$

と表される. ここでx, σ, μ_0 はそれぞれ測定値, 標準偏差, 平均値である. **平均値**は相当回数であるn回の測定を行い, i回目での測定値x_i が得られたとき, 以下により推定することができる.

$$\mu_0 = \frac{1}{n}\sum_{i=1}^{n} x_i \tag{1・4}$$

　平均値をとることで偶然誤差を含んだ測定値から正確さの高い値を得ることができる. 式(1・4)にて求めた平均値より**標準偏差**は

$$\sigma = \pm\sqrt{\frac{1}{n-1}\sum_{i=1}^{n}(x_i - \mu_0)^2} \tag{1・5}$$

と推定できる. 式(1・3)の一例を**図1・3**に示す. 平均値μ_0 を100 V, 標準偏差σ を2 Vとしたときの確率密度関数である. 平均μ_0 からのずれが$\pm 1\sigma$ までの範囲

5

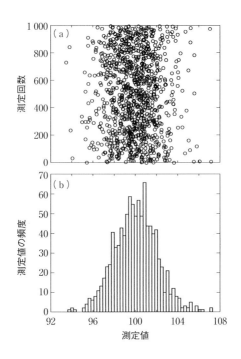

図1・2 (a) 測定値と測定回数　(b) 測定値と測定値の頻度

に測定値 x が含まれる確率は 68.3%，±2σ までの範囲では 95.5%，±3σ までの範囲では 99.7% となる．標準偏差は物理定数の精密さを表す指標に採用されているため，一般的な精密さの表現法として用いられている．以上の統計的処理より，測定値を定量的に表現することが多い．

〔2〕**測定精度**

　誤差の小さい測定を**精度**の高い測定というが，精度には**正確さ**と**精密**さが含まれている．正確さは測定値のかたより度合いを示し，平均値と真値との差を示す．それに対して精密さとは測定値のばらつき度合いを示す．一例を図1・4に示す．曲線 a，b ともに真値からずれ，かたよっている．曲線 b は曲線 a に比べてかたよりが少なく正確である．また曲線 a，b ともに測定値が分布している．曲線 a は曲線 b に比べてばらつきが少なく，精密である．

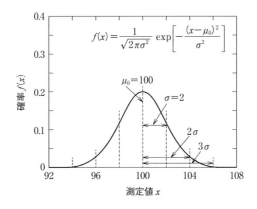

図1・3 ガウス（正規）分布

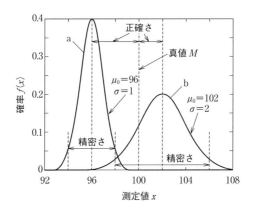

図1・4 測定精度

〔3〕 最小二乗法

最小二乗法は誤差の二乗和を最小とすることにより平均値や関数の係数を推定する方法であり，直接測定において最確値を推定する場合や間接測定においていくつかの変数間の関係を推定する場合に用いられる．

（a） 最確値の推定

前項で示した測定は測定データの値が直ちに未知量を示す直接測定で得られたデータの統計的処理を示している．その平均値について前項で述べたが，本項で

はその最確値を最小二乗法により推定する．n 回の測定を行い，測定データ $x_1, x_2, \cdots, x_n$ を得たとする．これらのデータより最確値 T_0 を求めるため，T を変数とした関数 $P(T)$ を定義する．$P(T)$ は確率密度関数であり，

$$P(T) = f_1(T) f_2(T) \cdots f_n(T) \tag{1·6}$$

と表現できる．ここで，$f_i(T)$ は i 番目の測定値 x_i を定数と捉えたときの式(1·3)の $f(x)$ と同じ確率密度関数であり，

$$f_i(T) = \frac{1}{\sqrt{2\pi\sigma^2}} \exp\left[- \frac{(x_i - T)^2}{\sigma^2} \right] \tag{1·7}$$

と表現できる．$P(T)$ は $f_i(T)$ の $i = 1 \sim n$ までの積が T によってどのように変化するかを示している．$P(T)$ が大きくなることは，その測定値になる確率が高いことを示している．よって $P(T)$ が一番大きくなるときの $T = T_0$ が最確値となる．$P(T)$ は式(1·6)および(1·7)より

$$P(T) = \left(\frac{1}{\sqrt{2\pi\sigma^2}} \right)^n \exp\left[- \sum_{i=1}^{n} \frac{(x_i - T)^2}{\sigma^2} \right] \tag{1·8}$$

となる．式(1·8)を最大とするためには

$$\sum_{i=1}^{n} (x_i - T)^2 = 最小 \tag{1·9}$$

とする T を求めればよい．式(1·9)の最小値を求めるために，この T の関数を微分する．その傾きが 0 となるときの T が最確値 T_0 となる．

$$\frac{\partial}{\partial T} \sum_{i=1}^{n} (x_i - T)^2 = 0 \tag{1·10}$$

式(1·10)を満たす T は

$$T_0 = \frac{1}{n} \sum_{i=1}^{n} x_i = \mu_0 \tag{1·11}$$

であり，最確値 T_0 は前項の式(1·4)で示した平均値 μ_0 と同じ値となり，その導出過程が式(1·6)～(1·11)である．このように測定値との誤差の2乗和を最小にして最確値を推定する方法が**最小二乗法**である．

（b） 関数の推定

いくつかの変数間の関係を調べるときにも最小二乗法を用いる．x および y の二変数間が理論的にある関数であると予測すると

$$y = f(x ; a, b, c, \cdots) \tag{1·13}$$

と表現できる．ここで $a, b, c, \cdots$ は定数である．式(1・13)の関係を求めるためには $a, b, c, \cdots$ を推定する必要がある．このために n 回の測定を行い $(x_1, y_1), (x_2, y_2), \cdots, (x_n, y_n)$ の組を得たとする．y_i と $f(x_i)$ $(i = 1 \sim n)$ の誤差の二乗和

$$\sum_{i=1}^{n} [y_i - f(x_i\,;a, b, c, \cdots)]^2 \tag{1・14}$$

を最小とすることで定数 $a, b, c, \cdots$ を推定する．式(1・14)を最小とするために，式(1・10)と同様に $a, b, c, \cdots$ で式(1・14)を偏微分し，その傾きが 0 となる $a, b, c, \cdots$ の値を算出する．

$$\frac{\partial}{\partial a} \sum_{i=1}^{n} [y_i - f(x_i\,;a, b, c, \cdots)]^2 = 0 \rightarrow a \text{ を算出}$$

$$\frac{\partial}{\partial b} \sum_{i=1}^{n} [y_i - f(x_i\,;a, b, c, \cdots)]^2 = 0 \rightarrow b \text{ を算出}$$

$$\frac{\partial}{\partial c} \sum_{i=1}^{n} [y_i - f(x_i\,;a, b, c, \cdots)]^2 = 0 \rightarrow c \text{ を算出}$$

$$\vdots$$

それらの値が最小二乗法により推定された定数の値である．

ここでは $f(x)$ が最も基本的な 1 次関数の場合について考える．二つの測定量 x, y の間で

$$f(x) = ax + b \tag{1・15}$$

の関係があらかじめ分かっている場合に，その係数 a, b を推定することを考える．n 回の測定を行い $(x_1, y_1), (x_2, y_2), \cdots, (x_n, y_n)$ の組を得たとする．y_i と $f(x_i)$ $(i = 1 \sim n)$ の誤差の二乗和は

$$\sum_{i=1}^{n} [y_i - (ax_i + b)]^2 \tag{1・16}$$

となる．式(1・16)は a, b に関しての 2 次式かつ 2 乗の項の係数が正であるため，最小値が存在する．式(1・16)式を a, b で偏微分して計算すると

$$\frac{\partial}{\partial a} \sum_{i=1}^{n} [y_i - (ax_i + b)]^2 = 0 \;\Rightarrow\; a\sum_{i=1}^{n} x_i + nb = \sum_{i=1}^{n} y_i$$

$$\frac{\partial}{\partial b} \sum_{i=1}^{n} [y_i - (ax_i + b)]^2 = 0 \;\Rightarrow\; a\sum_{i=1}^{n} x_i{}^2 + b\sum_{i=1}^{n} x_i = \sum_{i=1}^{n} x_i y_i \tag{1・17}$$

が得られる．この連立方程式を解くことで a, b は

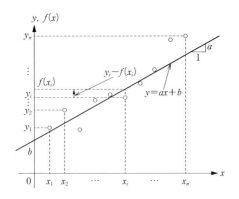

図 1・5 測定データ対と回帰直線

$$a = \frac{\sum_{i=1}^{n}(x_i - \bar{x})y_i}{\sum_{i=1}^{n}(x_i - \bar{x})^2}$$
$$b = \bar{y} - a\bar{x}$$
(1・18)

となる．ここで，$\bar{y} = \dfrac{1}{n}\sum_{i=1}^{n} y_i$，$\bar{x} = \dfrac{1}{n}\sum_{i=1}^{n} x_i$ である．以上のように定数を求めて得られた直線 $y = ax + b$ は**回帰直線**と呼ばれる．図 1・5 に測定値と回帰直線を示す．

〔4〕有効数字

アナログ計器やディジタル計器を用いて 1 回の測定を行う際，その読み値には限界がある．例えばアナログ計器であれば，最小目盛の 10 分の 1 程度が読み値の限界であり，ディジタル計器であれば計器に表示される最後の桁が限界値である．またどちらの計器においても読み値が常に変化している場合がある．これらの場合，人為的な読み取り誤差が発生する．

そこで測定値を誤差の含まない意味のある数値にすることは計測において非常に重要である．その数値を**有効数字**と呼ぶ．有効数字を得るには誤差を含む最後桁数を丸める必要がある．丸めるとき，その桁より一つ大きい桁が偶数であれ

ば四捨五入，奇数であれば四捨六入する．例えば，最小目盛 0.01 のアナログ計器において 1.32 と 1.33 の間で指針が止まっている．その時 1.26 の数値を読み取ったとする．この場合の有効数字は 1.33 である．またディジタル計器における読み値が 5 924～5 976 まで数値が変化していたとする．この場合一桁目は全く意味のない数字であることがわかる．この時点で有効数字の桁数は 3 桁となる．$5.92×10^3$～$5.97×10^3$ まで変化しているため平均をとり，$5.95×10^3$ とする．誤差を含む最後の桁数より一つ大きい桁数が奇数であるため，四捨六入により最終的な有効数字は $5.9×10^3$ となる．

　有効数字は演算過程においても非常に重要である．例えば抵抗値を算出するとき，電圧および電流を 10.00 V および 2.30 A と測定した．その時の抵抗の値は 4.34782608…Ω である．小数点 4 桁目以降は意味のない数字であり，この時の有効数字は 4.35 Ω である．剰余算においては有効桁数の少ない方に合わせる必要がある．原則として演算により有効桁数が一番多い数字より増えることはない．加算の場合，数字の大小関係によりいずれかの有効桁数の数字となる．減算においては同じ有効桁数同士の場合，桁落ちにより有効桁数が減少する場合がある．例えば 12.34 － 12.09 ＝ 0.26 となり有効桁数が 4 桁から 2 桁に減少する．

演習問題

1 最確値が 2.000 Ω とわかっている抵抗の抵抗値を直流電源と電流計を用いて 10 回計測したとき，次の値が得られた．平均値と標準偏差を求めよ．

回数	1	2	3	4	5	6	7	8	9	10
抵抗値（Ω）	2.13	2.19	1.98	2.14	2.11	2.03	2.08	2.12	2.28	2.24

2 基準抵抗が 10^{-4} の精度で校正されたホイートストンブリッジを用いて**1**の抵抗の抵抗値を 10 回計測したとき，次の値が得られた．平均値と標準偏差を求めよ．

回数	1	2	3	4	5	6	7	8	9	10
抵抗値（Ω）	2.02	2.03	1.99	2.02	2.01	2.00	2.01	2.01	2.05	2.04

1章 電気電子計測の基礎

3 **1**と**2**の測定方法を分類せよ．またその正確さと精密さの大小関係を示せ．またなぜ精度に違いが出るのか説明せよ．

4 直流機の巻き線抵抗を計測しようと与える電圧 V を変化させて電流 I を計測した結果，次の測定値が得られた．巻き線抵抗 R の他にブラシによる接触抵抗 R_0 があるため，電圧と電流は近似的に $V = RI + R_0$ の関係にあるものと予測している．R と R_0 の値を求めよ．

電圧値（V）	1.00	2.00	3.00	4.00	5.00	6.00	7.00	8.00
電流値（A）	1.25	2.38	2.97	4.29	5.23	6.07	7.16	8.23

5 以下の数字を有効数字3桁で示せ．

188.6, 595.5, 267.56, 3 218, 63 682, 745 825

2_章 基本的な電気諸量

本章では電気的な物理量の単位とその標準化方法について解説する．国際単位系である SI（system International）の基本・補助単位から電圧，抵抗，静電容量など電気に関する組立単位までの成り立ち方について説明する．またそれらの物理量がどのようにして標準化されているかについても解説する．

2·1 国際基本単位から組み立て電気単位へ

1·1 節にて測定量を得るためには基準量と比較して，その何倍となるか定量的に評価しなければならないことを述べた．このときに基準となるものが単位である．その単位の中でも国際度量総会によって定められた国際（SI：System International）単位系が広く用いられている．**SI 単位系**は長さ（m：meter），質量（kg：kilogram），時間（s：second），電流（A：ampere），温度（K：kelvin），物質の量（mol：mole），光度（cd：candela）の七つを基本単位と定めている．**表 2·1** に **SI 基本単位**および**補助単位**の物理量，頻出する量記号，単位記号およびその読み方を示す．

また単位は例えば，速度（m/s）のようにいくつかの基本単位を組み合わせによって導くことができる．これを**組立単位**という．**表 2·2** に電気に関する SI 組立単位を示す．これらの組み合わせ単位は電気に関する SI 組立単位は全て基本単位である m，kg，s，A から成り立っていることがわかる．それらの組立単位の成り立ちを**図 2·1** に示す．例えば電力は長さと質量と時間から成り立つ．ニュートンの法則から物体に加わる力 F〔N〕＝重さ m〔kg〕×加速度 a〔m/s²〕を得る．力が加わった物体を単位長さ分だけ変位させたときの仕事 W〔J〕＝F×長さ l〔m〕はエネルギーであり，単位時間当たりのエネルギーが電力 P〔W〕＝W÷時間 t〔s〕である．その次元を基本単位で表すと $m^2 \cdot kg \cdot s^{-3}$ となる．得られた電力と電流を用いて電圧を基本単位で表現すると $m^2 \cdot kg \cdot s^{-3} \cdot A^{-1}$ にな

13

2章　基本的な電気諸量

表2・1　SI基本単位と補助単位

	物理量	量記号	単位記号	単位の読み方
基本単位	長さ	l, L	m	meter（メートル）
	質量	m	kg	kilogram（キログラム）
	時間	t	s	second（秒）
	電流	i, I	A	ampere（アンペア）
	温度	T	K	kelvin（ケルビン）
	物質量	n	mol	mole（モル）
	光度	I, I_r	cd	candela（カンデラ）
補助単位	平面角	$\theta, \phi, \alpha, \beta, \gamma$	rad	radian（ラジアン）
	立体角	Ω	sr	steradian（ステラジアン）

表2・2　電気に関するSI組立単位

物理量	量記号	単位記号	単位の読み方	基本単位の関係
力	F	N（J/m）	newton（ニュートン）	$m \cdot kg \cdot s^{-2}$
エネルギー	E	J（N·m）	joule（ジュール）	$m^2 \cdot kg \cdot s^{-2}$
電力, 仕事率	P	W（J/s）	watt（ワット）	$m^2 \cdot kg \cdot s^{-3}$
磁界	H	A/m		$m \cdot A^{-1}$
周波数	f	Hz	hertz（ヘルツ）	s^{-1}
電荷	Q	C（A·s）	coulomb（クーロン）	$s \cdot A$
電束密度, 電気変位	σ	C/m²		$m^{-2} \cdot s \cdot A$
電圧, 電位差, 起電力	V	V（J/C）	volt（ボルト）	$m^2 \cdot kg \cdot s^{-3} \cdot A^{-1}$
電界	E	V/m		$m \cdot kg \cdot s^{-3} \cdot A^{-1}$
磁束	Φ	Wb（V·s）	weber（ウェーバー）	$m^2 \cdot kg \cdot s^{-2} \cdot A^{-1}$
静電容量	C	F（C/V）	farad（ファラド）	$m^{-2} \cdot kg^{-1} \cdot s^4 \cdot A^2$
電気抵抗, インピーダンス	$R, (Z)$	Ω（V/A）	ohm（オーム）	$m^2 \cdot kg \cdot s^{-3} \cdot A^{-2}$
コンダクタンス	G	S（A/V）	siemens（ジーメンス）	$m^{-2} \cdot kg^{-1} \cdot s^3 \cdot A^1$
磁束密度	B	T（Wb/m²）	tesla（テスラ）	$kg \cdot s^{-2} \cdot A^{-1}$
誘電率	ε	F/m		$m^{-3} \cdot kg^{-1} \cdot s^4 \cdot A^2$
インダクタンス	L	H（Wb/A）	henry（ヘンリー）	$m^2 \cdot kg \cdot s^{-2} \cdot A^{-2}$
透磁率	μ	H/m		$m \cdot kg \cdot s^{-2} \cdot A^{-2}$

14

2・1 国際基本単位から組み立て電気単位へ

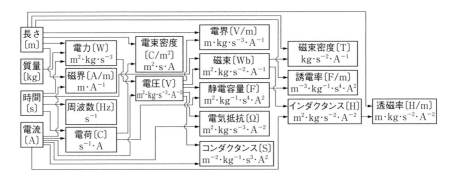

図2・1 電気に関する組立単位の成り立ち

る．電圧を起点としてそれぞれの組立単位に派生していく．

図2・1からもわかるように電気に関する組立単位は四つの基本単位を起点としている．それゆえこれら四つの基準量を正確に定義することが重要である．そのため歴史上において精度よく計測できる手法を用いて定義が更新されてきた．以下ではそれら四つの基本単位について現在の定義について述べる．

（a） 長さ

1メートルは1秒の299 792 458分の1の時間に光が真空中を伝わる行程の長さである．ヨウ素安定化He-Neレーザを用いて精度よく測定される．その精度は10^{-10}である．

（b） 質量

1キログラムは白金90%とイリジウム10%で構成される合金で作られた円柱のキログラム原器の重さである．キログラム原器はフランス・セーブルにある国際度量衡局に保管されている．単位の標準としては人造物でないほうが望ましいが，現段階では質量の定義に関する適切な自然現象はないため，昔ながらのキログラム原器を標準としている．その精度は$10^{-8} \sim 10^{-9}$である．

（c） 時間

1秒はセシウム133原子の基底状態の二つの超微細準位の間を遷移する際に出てくる電磁波の周期が9 192 631 770回継続する時間である．その精度は10^{-13}である．

2章 基本的な電気諸量

表2·3		10の整数乗倍を示すSI接頭語				

名称	記号	大きさ	名称	記号	大きさ
exa（エクサ）	E	10^{18}	deci（デシ）	d	10^{-1}
peta（ペタ）	P	10^{15}	centi（センチ）	c	10^{-2}
tera（テラ）	T	10^{12}	milli（ミリ）	m	10^{-3}
giga（ギガ）	G	10^{9}	micro（マイクロ）	μ	10^{-6}
mega（メガ）	M	10^{6}	nano（ナノ）	n	10^{-9}
kilo（キロ）	k	10^{3}	pico（ピコ）	p	10^{-12}
hecto（ヘクト）	h	10^{2}	femto（フェムト）	f	10^{-15}
deca（デカ）	da	10^{1}	atto（アト）	a	10^{-18}

（d） 電流

1アンペアは無限に小さい円形断面積を持った無限に長い2本の直線状の導体を真空中で1mの距離で平行にして電流を流した時にこれらの導体の1mごとに2×10^{-7}Nの力を及ぼし合う一定の電流である．精度は10^{-6}である．

また，SI単位系では量を表す単位として**表2·3**に示す**接頭語**を用いる．原則として単位量の倍数が実用的範囲（0.1～1000）に入るように，10の整数乗倍の接頭語を選ぶとよい．また実用的には10^{3}（k：kilo），10^{6}（M：mega），10^{9}（G：giga），10^{-3}（m：milli），10^{-6}（μ：micro），10^{-9}（n：nano）を用いることが多い．

2·2 電気標準

測定結果に普遍性を与えるためSI基準単位も客観的な量として定めなければならない．その実現方法を**計測標準**と呼ぶ．SI基準単位の計測標準から電気・電子計測で用いられる各組み立て単位の計測標準手法のブロックダイアグラムを図2·2に示す．図2·2に定められた手法により，基準単位は客観的に普遍な量として標準化されている．以下の（a）～（d）にその手順を示す．各標準方法の詳細は参考文献を参照されたい．

（a） SI基本単位の定義から基礎物理定数調整値と標準化された周波数の値を得る．

16

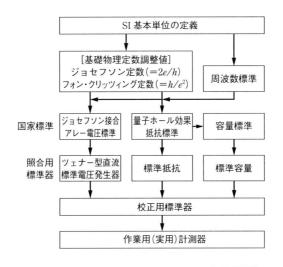

図2・2 電気計測標準のブロックダイアグラム

(b) 電気に関する標準は，現在では普遍性の高い物理現象を利用した**量子電気標準**に基づいており，**電圧標準**と**抵抗標準**によって規定されている．

(b-1) 現在の最も高精度な電圧の規定は**ジョセフソン接合**を用いる方法であり，これが電圧標準に採用されている．超伝導体である鉛の間に厚さ1～2 nmの薄い絶縁膜を挟んだ素子を液体ヘリウムによって4.2 Kに冷やし，(a) にて標準化された周波数 f のマイクロ波を照射する．接合部に直流電流を流すと素子間の電圧は電流に応じて階段状に変化する．一段の高さは一様で，i 番目の量子化電圧 $V(i)$ は

$$V(i) = \frac{f}{K_{J-90}} i \tag{2・1}$$

となる．ここで K_{J-90} は**ジョセフソン定数**の協定値であり，(a) で得られた調整値から不確かさを除いて定義された値である．一段あたりの高さ δV は $20\,\mu\mathrm{V}$ 程度となり，数百段分の電圧を電圧標準として利用する．

(b-2) 標準電圧とは独立に，**量子ホール効果**に基づく抵抗標準が規定されている．量子ホール効果素子である Si-MOSFET を極低温に冷やし，これに強磁場を印加する．すると，ホール抵抗は印加する磁場によって段階的に変化する．i 番目の量子化ホール抵抗は

2章　基本的な電気諸量

$$R_H(i) = \frac{R_{K-90}}{i} \tag{2・2}$$

となる．ここで R_{K-90} は**フォンクリッツィング定数**の協定値であり，(a) で得られた調整値から不確かさを除いて定義された値である．通常は $i=2$ の量子化抵抗値を抵抗標準として利用する．これにより値の決まった直流抵抗を交流抵抗に変換し，直角位相ブリッジで静電容量に変換する．得られた静電容量の値を**容量標準**として利用する．

(c) (b) で示した量子標準は大掛かりな装置を用いて精度の良い測定を行い得られる電気標準であり，その標準値を求めるのは容易ではない．そこでこれらの結果を便利な標準器に移してそれらを利用する．

(c-1)　電圧標準としてツェナー電圧を用いる方法が利用されている．ダイオードに加わる逆方向電圧が閾値を超えるとアバランシェ現象で電流が流れ，電圧が一定値を示す．シリコンダイオードでそのツェナー電圧は -5 V 付近である．温度特性も 10^{-5} V/℃ と安定している．そのため，**ツェナー標準電圧発生器**が二次電圧標準に利用されている．また古くは**ウエストン電池**（飽和カドミウム電池）の起電力を用いる化学電池が電圧標準器として用いられてきたが，内部抵抗が非常に大きくいったん電流を流してしまうと起電力が低下して復帰に長い時間がかかる，温度や機械的振動によって電圧が変動しやすい等の理由により現在では校正用の標準器として使用されている．

(c-2)　抵抗標準にはマンガニン線を用いた標準抵抗器が利用されている．**マンガニン**（Cu 84%，Ni 4%，Mn 12%）合金は抵抗値が安定，温度係数が小さい，抵抗器に接続する銅線に対する熱起電力が小さいなどの理由により使用されている．

(c-3)　容量標準には空気やマイカ，水晶などのコンデンサが利用されている．容量が安定，損失が少ない，周波数特性が良好などの理由により使用されている．

(d) (c) で示した標準器は 2 次標準器の校正に使用される．そして 2 次標準器が会社や研究所など実用されている計測器を校正している．

演　習　問　題

2·3 トレーサビリティ

　どのような計測器であっても，目盛が「正しく」ふられていないとならない点には議論の余地はない．この「目盛の正しさ」は一般にはより上位の信頼できる計測器で校正されていることによって保証されている．この上位の計測器は更に上位の計測器で校正されて…と続いて行って，最終的には国家標準で校正される．国家標準は国際標準に対応していなければならない．このように計測の校正がきちんと国家標準まで「繋がっている」ことを**トレーサビリティ**（traceability）とよぶ．どのような計測システムであれ，このトレーサビリティがきちんと保証されるように構成されていることが重要である．日本の国家標準は，独立行政法人産業技術総合研究所　計量標準総合センターがこれを担っている．

2·4 本書での交流波形の記述法

　本書で取り扱う交流波形の記述法とどういった場合の記述に適しているかを**表 2·4** に示す．本表における e, j, ω, t, π, T および f はそれぞれ，ネイピア数，虚数単位，角周波数，時間，円周率，周期，周波数を示す．

表 2·4　交流波形の記述法およびその役割

記述法	用途
$e^{j\omega t}$	オイラーの定理による表現のため，回路理論で用いられることが多い．本書では 5 章インピーダンスや 7, 8 章の電力の計測に適用している．
$\cos\dfrac{2\pi t}{T}$, $\cos 2\pi ft$	周期 T や周波数 f に着目をしているため，オシロスコープなどで観測される時間波形の表現に使用されることが多い．本書では 10 章の表現に適用している．
$\cos \omega t$	角周波数に着目をしているため，スペクトルアナライザなどで観測される周波数域の表現に使用されることが多い．本書では 11 章の表現に適用している．

演習問題

1　電力の組立単位，またその結果を用いて電圧の組立単位である V（ボルト）が基本単位を用いて m²·kg·s⁻³·A⁻¹ で表されることを示せ．

19

2 光速 299 792 458 m/s および真空の誘電率 0.000000000008854187817 F/m を接頭語を用いて表せ.

3 時間標準で得られた周波数 $f=9.192631770$ GHz のレーザをジョセフソン素子のアレーに照射すると,電圧電流特性に階段状の電圧変化が観測された.1段分の電圧はいくらか.またジョセフソン素子のアレーを 53 554 個並べたとき,標準電圧はいくらか.なおジョセフソン定数の協定値 $K_{J\text{-}90}=483597.9$ GHz/V とする.

4 量子ホール効果素子に強磁場を印加したところ,段階的に変化する抵抗が観測された.標準抵抗に2番目の量子ホール抵抗を用いるとすると,その標準抵抗はいくらか.なおフォン・クリッツィング定数の協定値 $R_{K\text{-}90}=25812.807$ Ω とする.

5 20.0℃で 1.017999 V の標準電池を 20.5℃で計測したとき,どれだけ電圧が変化するか求めよ.またその時の電圧も求めよ.温度係数は -4×10^{-5} K^{-1} とする.

3章 電流計測

電気計測の基本は電流計測と電圧計測にある．ここでは電流計測の議論から始めることにする．しかしながら，ディジタル電流計の中身（測定部）は電圧計であるし，アナログ電圧計の中身は電流計なので，電流計測と電圧計測は不可分なものである．電流と電圧は抵抗（またはインピーダンス）を介してオームの法則とキルヒホフの法則でつながっていることに留意したい．本章では計測における負荷効果を電流計測の場合について説明し，電流計の仕組みについても簡単に触れる．加えて，電流計測のための電流—電圧変換回路と，このためのオペアンプ回路の基礎について述べる．

3·1 電流計の内部抵抗

電流計測では通常，回路中に電流計を直列に挿入して，電流計を通過する電流を測定する．この際，電流計の内部抵抗（入力インピーダンス）が回路に影響を与える（負荷効果）ので，この点について考慮する必要がある．

〔1〕電流計の内部抵抗

図 3·1 のように直流回路に直列に電流計を挿入して電流を計測することを考える．電流計を挿入する前の回路は，内部抵抗 r_0 を持つ定電圧源 E と負荷抵抗 R によって構成されており，このとき回路を流れる電流 I は

$$I = \frac{E}{R + r_0} \tag{3·1}$$

である．

この回路に内部抵抗（入力インピーダンス）R_A の電流計を直列に挿入すると，この電流計で測定される電流 I_M は

$$I_M = \frac{E}{R + r_0 + R_A} \tag{3·2}$$

21

3章 電流計測

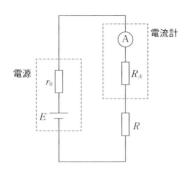

図3・1 基本の電流計測回路

に変化する．従って，元の回路を流れていた電流と，挿入した電流計で測定される電流の間には

$$\frac{I}{I_M} = \frac{R + r_0 + R_A}{R + r_0} = 1 + \frac{R_A}{R + r_0} \tag{3・3}$$

の関係がある．または，この測定の相対誤差は

$$\frac{I_M - I}{I} = -\frac{R_A}{R + r_0 + R_A} \tag{3・4}$$

となる．これから，$R_A \ll R + r_0$ の場合に電流計の内部抵抗が無視できることがわかる．このような，計測器の内部抵抗が与える影響を**負荷効果**と呼ぶ．

〔2〕分流器

所定の定格の電流計の電流計測範囲をより大きな範囲に拡張するために，しばしば**分流器**（shunt，分流回路）が用いられる．図3・2のように，内部抵抗 R_A の電流計に流れる電流を I_A，並列に挿入した分流器の抵抗 R_S に流れる電流を I_S とし，被測定電流を I_M とすると，これらには以下の関係がある．

$$\frac{I_A}{I_S} = \frac{R_S}{R_A} \tag{3・5}$$

$$I_M = I_A + I_S \tag{3・6}$$

したがって，元の電流計の測定値 I_A と測定電流 I_M の関係は，

$$I_M = \left(1 + \frac{R_A}{R_S}\right) I_A \tag{3・7}$$

となり，I_M と I_A の間に比例関係があることがわかる．一般に，測定レンジを切

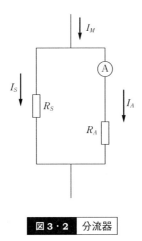

図3・2 分流器

り替えることができるタイプの電流計ではこのような分流器が内蔵されている．この比例関係によって，各測定レンジに対応する目盛を必ず等分目盛で振り直すことができる．分流器を用いることにより，電流計測系全体の内部抵抗 R_M は，

$$R_M = \frac{R_A R_S}{R_A + R_S} \qquad (3\cdot 8)$$

になる．

3・2 電 流 計

　電流測定における基準量は電流の基準単位である A（アンペア）である．実際の測定では，校正された電流計の目盛りを読む．本節では各種電流計の仕組みについてごく簡単に触れておくことにする．

〔1〕アナログ電流計

　アナログ電流計では，コイルに電流を流し，生じる磁力と制動バネの釣り合いによって指針を動作させる．固定された磁石の間に，指針を固定した可動コイルを設置するタイプ（可動コイル型）と，固定されたコイルの近傍に指針を固定した鉄片を設置して，鉄片に誘導される磁力によって指針を動作させるタイプ（可動鉄片型）に大別される．

可動コイル型は比較的高感度であり外部磁場の影響にも強く，$100\,\mu\text{A}\sim10$ kA 程度の測定範囲で用いられる．一方，**可動鉄片型**は，感度では劣るが構造を単純にできる．このため，堅固で機械的振動に強く，比較的安価に製造できる．$10\,\text{mA}\sim10\,\text{kA}$ 程度の測定範囲で用いられる．

可動部の慣性と制動力によって，アナログ電流計の指針動作の周波数応答性は低い．このため，商用周波数程度の変動電流であれば，指針は一定値を示す．したがって，交流計測では，簡単な整流回路を介せば特に平滑回路は必要なく，指針は（整流された）交流電流の変動の平均値に対応する位置で静止する．通常はこの指針の振れに対応して，実効電流を示すように目盛をふる．ごくまれに，電流（絶対値）の平均値を示す目盛の電流計もあるので，注意が必要である．

〔2〕ディジタル電流計・DMM

近年のディジタル機器の発展にともなって，アナログ型電流計を実際に目にする機会は減少している．ディジタル測定器の一般的な構成を**図3・3**に示す．測定対象である入力信号をいったん直流電圧値に変換する，入力段のアナログ回路（入力信号変換部・入力段回路）に続いて，変換された電圧値をアナログ・ディジタル変換（A/D 変換）し，この値をディジタル表示部で表示する．または，このディジタル信号を引き続き別の制御回路等の入力として用いることができる．

図3・3 ディジタル測定器の基本構成

入力段回路を切り替えることで，直流・交流電流測定，直流・交流電圧測定，抵抗測定などに汎用的に用いることができるようにした測定機器を**ディジタルマルチメータ**（Digital Multi Meter；DMM）と呼ぶ．一方，電流測定に機能を固定したものを**ディジタル電流計**と呼ぶ．

ディジタル電流計の入力段には，電流—電圧変換回路が用いられる．通常，この部分にはオペアンプを利用した回路が用いられる．これについては次節で説明する．

〔3〕クランプ電流計

電線を流れる電流は，アンペールの法則に従って周囲に磁界を形成する．この磁界を，電線の周りに一周する磁気コア（一般には鉄芯）を設置して検出することによって，電流計測を行うことができる．磁界検出にはいくつかの方式があるが，交流専用の場合には変流器（CT, Current Transformer：トランス）を用いる方式が一般的である．直流の場合にはホール素子を用いる．

このような電流計を**クランプ電流計**と呼ぶ．なお，詳しい動作原理の説明はここでは省略する．この方式は，回路結線をいったん切り離してから電流計を挿入する作業の必要がない点で便利である．ただし，磁場計測感度の制限や，外部磁場の影響を受けやすいことなどにより，比較的大きな電流の計測に用いる．クランプ電流計を用いる測定では，電流を測定したい電線1系統だけをクランプすること，できるだけ電線をクランプの中心に，クランプに垂直に設置すること，などの注意が必要である．

なお，「クランプ電流計は回路中に電流計を挿入しないから内部抵抗は存在しない」というような記述が（インターネット上の情報などに）散見されるが，それは誤りであるので注意しておきたい．電気—磁気相互作用を（遠隔的に）計測するので，その「反作用」としての電圧降下が被測定回路側に原理的には生じる．ただし，クランプ電流計の適用対象となるような回路では電流計の負荷効果は実用範囲で無視できる．

3・3 オペアンプ回路の基礎

ディジタル計測系では，はじめに測定対象である入力信号を直流電圧に変換する入力段回路が必須である．これには多くの場合にオペアンプを利用した回路が用いられている．ここでは，「理想的オペアンプ」を前提としたオペアンプ回路の動作の基礎について簡単に触れ，電流—電圧変換回路について述べる．

〔1〕オペアンプ

オペアンプ（operational amplifier）の回路記号を**図3・4**に示す．通常，オペアンプは両極動作させるので，回路全体の**基準電位**（コモン，共通電位）に対する正電源と負電源を接続する必要がある．ただし一般に，回路動作を説明す

25

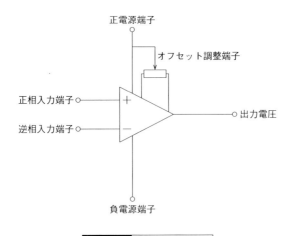

図3・4 オペアンプ素子

る図では電源への接続線などは省略される場合が多い．入力電圧・出力電圧などはそれぞれ，回路図上のある点における電位で表されるが，これらは全て回路コモンとの間の電圧（回路コモンに対する電位）を意味する．

オペアンプの**増幅率**（ゲイン，利得）を A とし，正相入力端子電圧を V_1，逆相入力端子電圧を V_2 とするとき，出力電圧 V_O は，

$$V_O = A(V_1 - V_2) \tag{3・9}$$

で与えられる．このようにオペアンプは2つの入力電圧の「引き算」の結果を増幅するので，演算増幅器・差動増幅器と呼ばれる．

オペアンプを利用する回路の動作の基本を学ぶ際しては，まずは「理想的な動作」をするオペアンプを前提に考えると良い．もちろん，実際のオペアンプ素子は，これらの条件をことごとく満たさない点に留意する必要がある．理想オペアンプの条件を以下に示す．

（1）ゲイン A は無限大である．
（2）入力抵抗は無限大である．
（3）周波数特性はフラットである（全ての周波数範囲でゲインが一定）．
（4）オフセット電流・オフセット電圧は完全にゼロである．
（5）雑音はゼロである．

ゲインが無限大であると式(3・9)の増幅結果が常に無限大になってしまいそう

だが,実際には以下のような帰還(フィードバック)回路を用いることで,一定のゲインの増幅器を構成する.

〔2〕帰還回路

図3·5のような回路を**反転増幅回路**という.このように出力と入力を接続してフィードバックを行う回路を**帰還(フィードバック)回路**と呼ぶ.抵抗R_2を帰還抵抗と呼ぶ.

入力電圧をV_{in}とし,逆相入力端子電圧をV_2とすると,抵抗R_1に流れる電流は図3·5に示した向きを正として,

$$I = \frac{V_{in} - V_2}{R_1} \tag{3・10}$$

である.理想オペアンプでは入力端子からの電流の出入りは完全にゼロとして良いので(入力抵抗が無限大でオフセット電流がゼロだから),この電流はそのまま,帰還抵抗R_2に流れる.このとき

$$I = \frac{V_2 - V_O}{R_2} \tag{3・11}$$

である.

他方,正相入力端子は基準電位に接続されているので,$V_1=0$であるから

$$V_O = A(V_1 - V_2) = -AV_2 \tag{3・12}$$

である.つまり

$$V_2 = -\frac{V_O}{A} \tag{3・13}$$

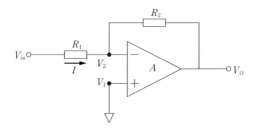

図3·5 反転増幅回路

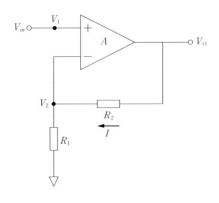

図3・6 非反転増幅回路

となるが，ここで理想オペアンプ条件ではゲイン A は無限大であったのだから，自動的に，$V_2=0$，あるいは $V_1=V_2$ が満たされる必要がある．このように，帰還回路では正相入力端子電圧と逆相入力端子電圧の差が（回路的には直接ショートしているわけではないのに）実質的にゼロになる．この条件のこと**をバーチャルショート**と呼ぶ．または，この回路では $V_2=0$ となることになるので，この条件を**バーチャルグランド**，**仮想接地**と呼ぶ．

仮想接地によって $V_2=0$ になるので，式(3・10)，(3・11)から容易に

$$V_O = -\frac{R_2}{R_1} V_{in} \tag{3・14}$$

が導かれる．つまり，この回路ではオペアンプの素子ゲインが十分大きければ（実際に無限大である必要はない），素子ゲインの値とは直接関係なく，入力電圧がゲイン $-R_2/R_1$ で増幅される．入力電圧が正負逆転して出力されるので，この増幅回路を**反転増幅回路**と呼ぶ．

図3・6は非反転増幅回路の構成を示す．帰還抵抗 R_2 を図3・6に示した向きに流れる電流は

$$I = \frac{V_O - V_2}{R_2} \tag{3・15}$$

であり，R_1 を流れる電流は

$$I = \frac{V_2}{R_1} \tag{3・16}$$

である．また，バーチャルショートにより，$V_1 = V_2 = V_{in}$ であるので，出力電圧は

$$V_O = \frac{R_1 + R_2}{R_1} V_{in} \tag{3・17}$$

となる．この回路は入力電圧に対して出力電圧の極性が反転しないので，**非反転増幅回路**と呼ばれる．

〔3〕**電流―電圧変換回路**

図3・7に，**電流―電圧変換回路**の一例を示す．$R_S \ll R_1$ の条件が満たされればオペアンプ回路側への電流の流れ込みは無視できる．したがって，この電流計の内部抵抗は R_S であることになる．このとき

$$I = \frac{V_a - V_b}{R_S} \tag{3・18}$$

である．一方

$$V_1 = \frac{R_2}{R_1 + R_2} V_b \tag{3・19}$$

であり，出力電圧は

$$V_O = V_2 - \frac{R_2}{R_1}(V_a - V_2) \tag{3・20}$$

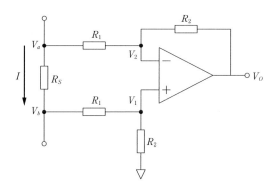

図3・7 電流―電圧変換回路

3章 電 流 計 測

となるが，ここでバーチャルショートにより $V_1 = V_2$ であるから

$$V_O = -\frac{R_2}{R_1}(V_a - V_b) = -\frac{R_2}{R_1}R_S \cdot I \tag{3・21}$$

となって，出力電圧 V_O は回路電流 I に比例する．

交流電流の場合にはこの回路の後段で，交流出力電圧 V_O を整流・平滑回路によって直流化し，電流平均値に対応する電圧値を得る．

演習問題

1 図3・1のような回路で電源電圧が1.50 V，電流計の読みが5.00 mA であった．電流計の内部抵抗が50.0 Ω であるとき，元の回路を流れる電流はいくらか．また，測定誤差はいくらになるか．ただし，直流電源の内部抵抗は無視できるものとせよ．

2 測定レンジ100 mA の電流計がある．この電流計と分流器を用いて1.3 A の電流を測定するために分流器に用いる抵抗はいくらにすれば良いか．ただし，電流計の内部抵抗は100 Ω である．

3 インターネット検索で，市販されているさまざまな電流計のカタログスペックを調べ，電流計の原理・測定レンジ・内部抵抗についてまとめよ．

4 オペアンプの一つに NJM2082 という型番の IC がある．インターネット検索で，このオペアンプの素子ゲイン，入力インピーダンスの値を調べよ．

5 図3・7の回路を用いて，内部抵抗1 Ω，フルスケール50 mA の電流計を作りたい．出力電圧をフルスケール0.5 V の電圧計で測定することにするには，どうすれば良いか．

6 クランプ電流計の動作原理について調査せよ．また，この際の負荷効果（電流計の内部抵抗）について調査・考察せよ．

30

4章 電圧計測

電圧計測では回路の2点に電圧計を並列に接続して電位差を測定する．この際，理想的電圧計では内部抵抗（入力インピーダンス）は無限大であると考えるが，実際には有限値なので電圧計にある程度の電流が流れ，被測定回路に影響を与える（負荷効果）．ここではこの内部抵抗による誤差の発生について議論する．また，原理的に，被測定回路側に影響を与えない測定方法である電位差法について述べる．

4・1 電圧計の内部抵抗

〔1〕電圧計の内部抵抗

図4・1のような直流回路で電圧を計測する．定電圧源 E の内部抵抗は無視できるものとし，負荷抵抗 R_1 と R_2 が直列接続されている．電圧計を並列に接続して，抵抗 R_2 の端子間電圧を測定する．

このとき，電圧計を接続する前の端子間電圧は

$$V = \frac{R_2}{R_1 + R_2} E \tag{4・1}$$

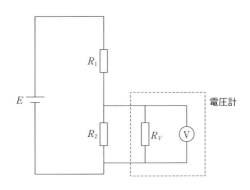

図4・1 基本の電圧計測回路

である．接続する電圧計の内部抵抗を R_V とすると，電圧計を並列接続したときの，負荷抵抗 R_2 との合成抵抗 R_M は

$$R_M = \frac{R_2 R_V}{R_2 + R_V} \tag{4・2}$$

になるから，このとき，電圧計で実際に測定される電圧 V_M は

$$V_M = \frac{R_M}{R_1 + R_M} E \tag{4・3}$$

である．したがって，電圧計を接続する前の抵抗 R_2 の端子間電圧 V と電圧計で実際に測定される電圧 V_M の比は

$$\frac{V_M}{V} = \frac{R_V(R_1 + R_2)}{R_V(R_1 + R_2) + R_1 R_2} = 1 - \frac{R_1 R_2}{R_V(R_1 + R_2) + R_1 R_2} \tag{4・4}$$

となる．したがって，電圧計を接続したことによる計測誤差（相対誤差）は，

$$\frac{V_M}{V} - 1 = \frac{-R_1 R_2}{R_V(R_1 + R_2) + R_1 R_2} = \frac{-1}{\dfrac{R_V}{R_{/\!/}} + 1} \tag{4・5}$$

である．ただしここで

$$R_{/\!/} = \frac{R_1 R_2}{R_1 + R_2} \tag{4・6}$$

とした．つまり $R_{/\!/}$ は元回路中では直列に接続されている抵抗 R_1 と R_2 を「並列接続」したときの合成抵抗に対応している．以上により，$R_V \gg R_{/\!/}$ のときに，計測における電圧計の内部抵抗が無視できることがわかる．

〔2〕倍率器

図 4・2 のように，内部抵抗 R_V の電圧計に直列に抵抗 R_S を接続することによって電圧計の測定レンジを拡大することができる．この抵抗 R_S を電圧計の**倍率器**（multiplier）と呼ぶ．電圧計の読みが V_M であるとき，倍率器を加えた電圧測定系全体の端子間電圧 V は

$$V = \left(1 + \frac{R_s}{R_V}\right) V_M \tag{4・7}$$

であるから，電圧計の目盛が $(1 + R_S/R_V)$ 倍に拡大されたことになる．測定レンジの切替え機能を有する電圧計では，この比例関係によって目盛を等分目盛で振り直すことができる．この際，倍率器を含めた電圧計の内部抵抗は

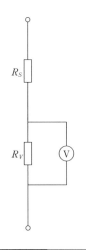

図4・2 倍率器

$$R_M = R_S + R_V \tag{4・8}$$

になる．

4・2 電位差法

　理想的電圧計では内部抵抗は無限大と（近似的に）みなされるが，実際にはそのような電圧計は存在しないので，並列に接続した電圧計測系に多少なりとも電流が流れてしまう．元の回路から電圧計測系へのこのような電流の出入りの生じない測定法として，**電位差法**がある．このような計測法を一般に**零位法**と呼ぶ．

　図4・3のような回路を構成する．被測定系は，図4・1と同じである．この R_2 の両端電圧を計測することを考える．計測系は，既知の電源電圧の直流電源 E_M と，既知の可変抵抗からなっている．Gは**検流計**（galvanometer）である．検流計とは，一種の高感度の電流計であるが，電流感度が高い代わりに目盛の定量性（または信頼性）はあまりない．主として，電流が流れているかどうか，また，どちら向きの電流が流れているかを検出するために用いられる．

　抵抗 R_2 の両端電圧 V を計測するには，検流計Gで電流が検出されなくなるように可変抵抗値を調整する．今，可変抵抗が図のように $R_X + R_Y$ の位置で，検

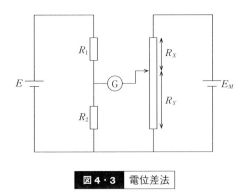

図4·3 電位差法

流計 G に流れる電流がゼロになったとする．このとき，R_2 と R_Y の両端電圧は等しい．したがって

$$V = \frac{R_Y}{R_X + R_Y} E_M \tag{4·9}$$

である．最終的に，検流計に電流が流れていない条件で計測結果を得るので，この条件が成立している間は，元の回路に流れる電流は，電圧計測系を接続する前後で全く影響を受けていないことになる．

4·3 電 圧 計

〔1〕アナログ電圧計

アナログ式の電圧計は実際には，内部抵抗 R_A のアナログ式電流計に直列に R_S の倍率器を接続したものである．このとき，電圧計両端の電圧を V, 電流計に流れる電流を I とすれば

$$V = (R_A + R_S)I \tag{4·10}$$

であるから，電流計の読みに比例した電圧目盛を作ることができる．

動作原理は電流計と同じなので，交流計測の場合には整流回路を介することで平均の電圧を読むことができる．

〔2〕ディジタル電圧計

電流計の章でも述べたように，現在ではディジタル機器の発展に伴って，アナ

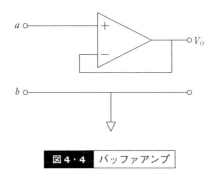

図 4·4 バッファアンプ

ログ型電圧計を実際に目にする機会は減少している．図 3·3 で示したディジタル測定器の一般的な構成では，入力段の回路で測定対象信号が電圧に変換され，その後，A/D 変換を経て表示部で値が表示される．この A/D 変換回路の入力インピーダンスは相当に低いので，この部分を直接に電圧計の入力として利用する場合にはかなりの注意が必要である．通常は，電圧計測においても，入力段に電圧—電圧変換回路を挿入する．つまり，いったん，入力インピーダンスの高い入力系で被測定電圧を受け，これを必要に応じて適当な倍率で増幅して，出力インピーダンスの低い電圧出力を得る．このように，出入力のインピーダンスを調整するために挿入される電圧—電圧変換回路は，**バッファアンプ**と呼ばれる．

ディジタル電圧計に用いることのできる入力段バッファ回路の一例を**図 4·4**に示す．このような回路は**電圧フォロワー**と呼ばれ，ゲイン 1 で，入力電圧をそのまま変更せずに出力側に伝える．つまり全く「増幅」はしないのだが，一方，入力信号はオペアンプの入力端子で受けているので，入力インピーダンスを極めて大きくすることができる．このように電圧フォロワーは入出力インピーダンスを調整するためのバッファとしてしばしば用いられる．

図 4·4 からわかるように，バッファアンプ回路側のコモンは端子 b を介して被測定回路の任意の点に接続されることになる．このため，電圧測定回路側のコモンは，被測定回路のコモンとは独立になっている（浮いている）必要がある点に注意が必要である．電圧フォロワーによりゲイン 1 で増幅されるので，この回路の出力電圧は測定電圧 V に対して

$$V_O = V_a - V_b = V \tag{4·11}$$

となる．

4章 電圧計測

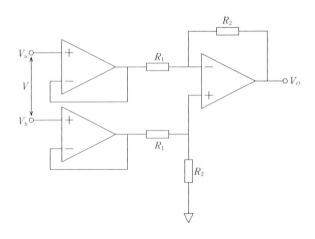

図4・5 インスツルメンテーション・アンプ

　被測定回路のコモンと電圧計のコモンが接続されているような場合には，図4・5のような回路を用いて端子間電圧を測定する必要がある．この回路は，入力電圧 V_a と V_b をそれぞれいったん，上記した電圧フォロワーで受けることによって入力インピーダンスを十分大きくとった後，図3・7（3章）で示したものと同じ回路で増幅を行う．式(3・21)と同様にして，出力電圧は，測定電圧 $V = V_a - V_b$ に対して

$$V_O = -\frac{R_2}{R_1}(V_a - V_b) = -\frac{R_2}{R_1}V \tag{4・12}$$

で与えられる．

　既に3章で述べたように，オペアンプは2つの電圧入力の差し引きの結果を増幅する差動増幅器である．しかしながら，素子ゲインが大き過ぎる，実際の部品ごとのゲインが一定値に保たれる保証がない，ゲインを任意の値に選ぶことができない，などの理由から，オペアンプ素子単体をそのまま差動増幅回路として利用することはない．一方，図4・5の回路は，十分大きな入力インピーダンスを保った上で，2つの入力電圧の差を必要に応じて調整された増幅率で増幅することができる．このような回路は，**計装アンプ**，または**インスツルメンテーション・アンプ**と呼ばれ，ストレイン・ゲージや圧力トランデューサ等の信号源からの微小な差動出力を増幅するために広く用いられている．

演 習 問 題

〔3〕オシロスコープ

時間変化する電圧信号を波形として表示できるようにした機器が**オシロスコープ**である．横軸を時間，縦軸を電圧値として，波形が表示される．アナログ型とディジタル型がある．

アナログ型では，ブラウン管上に輝点を表示させて，時間に応じてこの輝点を横方向へスイープ（走査）する．一方，同時にこの輝点は電圧値に応じて上下に動く．この輝点の動きをブラウン管上で観察することで，電圧波形が観察できるようになっている．

一方，ディジタルオシロスコープでは，一定のサンプリング（時間）間隔で電圧値を読み取り，ディジタル化された電圧値をいったん記憶してから，これをモニター上で時間波形として表示する．ディジタル化された（時間，電圧）データを保存できる，トリガ動作を用いることで単一波形を測定して保存することができる，などの点で便利である．なお，ディジタルオシロスコープによる交流波形の測定については 10 章にて詳しく説明する．

演習問題

1 図 4・1 の回路で $E = 1.50$ V，$R_1 = R_2 = 1.00$ kΩ であるとする．R_2 の端子間電圧を内部抵抗が 20.0 kΩ の電圧計で測定したとき，測定値はいくらになるか．また，この計測の測定誤差と相対誤差を求めよ．

2 図 4・1 の回路で，直流電圧源の内部抵抗が r_0 であるとき，電圧計測の測定誤差（相対誤差）はどのようになるか説明せよ．

3 フルスケール 100 mV，内部抵抗 200 kΩ の電圧計で，1.5 V の電圧を測定したい．倍率器をどのように選べば良いか．ただし，被測定回路の抵抗値は十分小さいものとする．

4 インターネット検索を用いて，市販されているさまざまな電圧計のカタログスペックを調べ，電圧計の原理・測定レンジ・内部抵抗についてまとめよ．

5 インターネット検索を用いて，現在採用されている「真空の誘電率」「電気素

4章 電 圧 計 測

量」「ジョセフソン定数」「フォン・クリッツィング定数」の値と，その相対不確かさを調べよ．また，これらと電気計測における計量標準との関係について調べよ．

5章 抵抗・インピーダンス計測

本章では，直流抵抗の計測と，交流におけるインピーダンスの計測について述べる．インピーダンスは受動素子の正弦波に対する線形応答であって周波数の関数になる点に注意が必要である．

5・1 直流抵抗の計測

〔1〕二端子法

中程度の抵抗値の直流抵抗は，オームの法則に従って，抵抗を流れる電流と抵抗の両端電圧を計測すれば求めることができる．図5・1の回路のように接続して，電圧計と電流計の指示値を読めば良い．ここで，未知の負荷抵抗を R_X，電圧計と電流計の読みをそれぞれ V, I とし，電圧計と電流計の内部抵抗をそれぞれ R_V, R_A とすれば，回路 (a) では

$$R_X = \frac{V}{I} - R_A \tag{5・1}$$

回路 (b) では

$$R_X = \frac{V}{I}\left(1 + \frac{R_X}{R_V}\right) \tag{5・2}$$

のようにして未知抵抗が求められる．$R_X \gg R_A$，または $R_V \gg R_A$ であることが

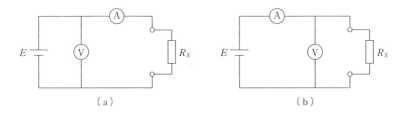

図5・1 基本の抵抗計測回路

あらかじめわかっていればこれらの項（負荷効果）が無視できる．あるいは，回路（a）では V/I の測定値と R_A を，回路（b）では V/I の測定値から推定される R_X の値と R_V の値を事後に比較することで，この条件が成立しているかどうかを確かめることができる．

〔2〕四端子法

抵抗値が数 mΩ 以下の低抵抗になると，計測のために用いる接続線（リード）や，接続部分の接触抵抗などの影響が大きくなり，二端子法では正確な計測ができない．そこで，**図5・2**のような四端子法を用いた計測が必要になる．図5・2は，未知抵抗 R_X の両側に接続抵抗 R_1 と R_2 が直列に接続された等価回路である．更に，電圧測定のリードの抵抗 r_1 と r_2 が接続されている．電流測定の接続と電圧測定の接続をそれぞれ行うので，**四端子法**とよばれる．ここで，$R_V \gg R_X$ であれば，実際には r_1, r_2, R_V へ流れる電流成分は無視できる．直列に接続された R_1, R_X, R_2 を流れる電流は電流計を流れる電流と一致するので，未知抵抗 R_X は

$$R_X = \frac{V}{I} \tag{5・3}$$

で求めることができる．ただし，低抵抗計測であるために $V = R_X I$ の値が小さいので，高感度の電圧測定が必要になる．

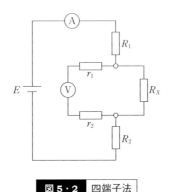

図5・2 四端子法

〔3〕ブリッジ回路

電圧計測における電圧計の内部抵抗の影響を避けて高精度の計測を行うために零位法を用いることができる．このためにしばしば，図5・3のような**ホイートストンブリッジ（Wheatstone bridge）回路**が用いられる．図で，既知の抵抗 R_1, R_2, R_3 を調整して検流計 G に電流が流れない条件になったとすると，$V_a = V_b$ が成立するので

$$R_X = \frac{R_1 R_3}{R_2} \tag{5・4}$$

のように未知抵抗 R_x を求めることができる．

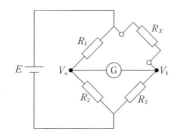

図5・3 ホイートストンブリッジ回路

〔4〕ディジタル抵抗計

ディジタルマルチメータの抵抗計測機能では，入力段回路としてオペアンプを用いた図5・4のような抵抗―電圧変換回路が用いられる．この回路は，反転増

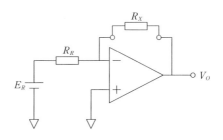

図5・4 抵抗―電圧変換回路

幅回路の帰還抵抗部分に未知抵抗 R_X を接続するようになっている．V_R と R_R が既知であれば

$$V_O = -\frac{V_R}{R_R}R_X \tag{5・5}$$

のように未知抵抗 R_X に比例した出力電圧が得られる．

〔5〕アナログ抵抗計

アナログテスタなどのアナログ式抵抗計に用いられる回路の概念図を図 5・5 に示す．内部抵抗 R_A に可変抵抗 r が直列に接続された単純な構造である．なにも接続せずに接点 a と b が開放になっているとき，電流計には電流が流れない．この状態が抵抗値∞に対応している．次に，接点 a と b をショートさせて，可変抵抗 r を調整して零点を合わせる．電流計の指針が最大目盛りを指したときが抵抗値ゼロに対応している．未知抵抗 R_X を接続したとき，この電流計には

$$I = \frac{E}{R_A + r + R_X} \tag{5・6}$$

の電流が流れる．可変抵抗 r を用いた零点調整に対応する電流計の最大目盛を I_0 とすると

$$I_0 = \frac{E}{R_A + r} \tag{5・7}$$

であるから，式 (5・6), (5・7) から r を消去して

$$I = \frac{1}{1/I_0 + R_X/E} \tag{5・8}$$

の関係が得られる．この電流計測定値と未知抵抗 R_X が対応するように目盛を振る．このため，抵抗値の目盛は非等分目盛になる．既に述べたように，電流計の

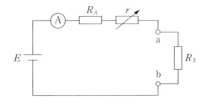

図 5・5　アナログ抵抗計の基本回路構成

0が抵抗値無限大に，電流計の最大目盛が抵抗値0に対応する．

5・2 インピーダンスの計測

〔1〕インピーダンス

インピーダンスは受動素子の正弦波に対する線形応答であって周波数の関数になる．今，図5・6の回路で，電圧$\dot{V}$と電流$\dot{I}$がそれぞれ複素形式で

$$\dot{V} = V_m e^{j\omega t} \tag{5・9}$$

$$\dot{I} = I_m e^{j\omega(t-t_1)} \tag{5・10}$$

と書けるとすると，インピーダンス$\dot{Z}$は

$$\dot{Z} = \frac{\dot{V}}{\dot{I}} = \frac{V_m}{I_m} e^{j\omega t_1} \tag{5・11}$$

のように定まる．たとえばオシロスコープを用いて波形を直接測定する場合には，図5・7のように未知のインピーダンス$\dot{Z}$に直列にシャント抵抗R_Sを接続して，$\dot{V}_1$と$\dot{V}_2$を測定する．このとき，インピーダンス$\dot{Z}$に流れる電流$\dot{I}$と端子間電圧$\dot{V}$とはそれぞれ

$$\dot{I} = \frac{\dot{V}_2}{R_S} \tag{5・12}$$

$$\dot{V} = \dot{V}_1 - \dot{V}_2 \tag{5・13}$$

のように測定できる．波形を分析して，電流と電圧の振幅I_m，V_mと位相差ωt_1

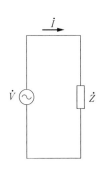

図5・6　基本の交流回路

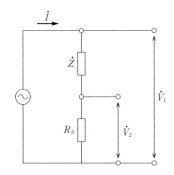

図5・7　インピーダンス計測回路

43

を求めれば，複素インピーダンス

$$\dot{Z} = Z_R + jZ_I = |\dot{Z}|e^{j\theta} \quad (5・14)$$

に対して

$$|\dot{Z}| = \sqrt{Z_R^2 + Z_I^2} = \frac{V_m}{I_m} \quad (5・15)$$

$$\angle Z = \tan^{-1}\frac{Z_I}{Z_R} = \omega t_1 \quad (5・16)$$

が求まる．ただしこの測定には，オシロスコープの入力インピーダンスが，被測定インピーダンス $|\dot{Z}|$ に対して十分大きいことが必要である．

〔2〕交流ブリッジ

測定器の入力インピーダンスが影響を与えない計測方法として，ブリッジを用いた零位法がある．図 5・8 の交流ブリッジ回路で，検流計 G に電流が流れない条件を考えよう．端子 a と b の電圧が等しくなるので

$$\frac{\dot{Z}_2}{\dot{Z}_1 + \dot{Z}_2} = \frac{\dot{Z}_3}{\dot{Z}_3 + \dot{Z}_4} \quad (5・17)$$

より，ブリッジの平衡条件は

$$\dot{Z}_1\dot{Z}_3 = \dot{Z}_2\dot{Z}_4 \quad (5・18)$$

である．この式は内容的には複素数についての等式であるから，実質的には以下の二つの条件式を意味している．

$$|\dot{Z}_1\dot{Z}_3| = |\dot{Z}_2\dot{Z}_4| \quad (5・19)$$

$$\angle \dot{Z}_1 + \angle \dot{Z}_3 = \angle \dot{Z}_2 + \angle \dot{Z}_4 \quad (5・20)$$

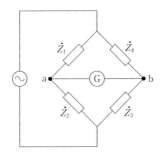

図 5・8　交流ブリッジ

演 習 問 題

複素インピーダンスは実数部と虚数部の2つの未知数を持つ．したがって，検流計Gが振れなくなるまで，2つのパラメータを調整しなくてはならないので，実際の操作はかなり煩雑である．また，未知のインピーダンスに適合するように参照（既知）インピーダンスを適切に選定しなくてはならない．

〔3〕LCR メーター

未知のインピーダンスを測定する専用の機器に，**LCR メーター**がある．これは，既知の周波数の交流電圧を与えてインピーダンスを測定することで，L（インダクタンス），C（キャパシタンス），R（レジスタンス）の値を独立に，自動的に求めることができるように構成された測定装置である．

演習問題

1 内部抵抗 $R_A = 50.0\,\Omega$ の電流計と，$R_V = 20.0\,\mathrm{k\Omega}$ の電圧計を用いて抵抗 R_X を測定した．計測器の内部抵抗の効果（負荷効果）を無視して求めた抵抗値が R であったとして，実際の抵抗 R_X はいくらか．以下のそれぞれの場合について求めよ．また，負荷効果を無視した場合の相対誤差を求めよ．

（1）図5·1（a）の回路で $R = 200\,\Omega$ であった．

（2）図5·1（b）の回路で $R = 200\,\Omega$ であった．

（3）図5·1（a）の回路で $R = 1.00\,\mathrm{k\Omega}$ であった．

（4）図5·1（b）の回路で $R = 1.00\,\mathrm{k\Omega}$ であった．

（5）図5·1（a）の回路で $R = 4.00\,\mathrm{M\Omega}$ であった．

（6）$R_X = 4.00\,\mathrm{M\Omega}$ であるときに図5·1（b）の回路で計測される R はいくらになるか．

---

2 図5·9の回路は，シェーリングブリッジと呼ばれる，インピーダンス計測用ブリッジの一種である．ブリッジ平衡条件（検流計が振れない条件）を示し，このときの C_X と R_X を求めよ．

45

5章 抵抗・インピーダンス計測

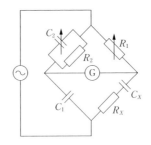

図5・9 シェーリングブリッジ

3 図5・10の回路は，マックスウェルブリッジと呼ばれる，インピーダンス計測用ブリッジの一種である．ブリッジ平衡条件（検流計が振れない条件）を示し，このときのL_XとR_Xを求めよ．

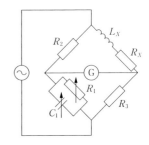

図5・10 マックスウェルブリッジ

6章 静電気計測

電気の実体は電荷である．電流が計測できれば，これを時間積分することで移動した電荷量を求めることができるはずだが，静電気はそもそも移動させることが難しい．そこでさまざまな工夫によって電位計測を行うことになるが，電位は電荷と境界条件（静電容量）の関数として定まることに注意が必要である．

6・1 電荷計測

[1] 積分回路

図6・1のように，グランドから絶縁された導体に電荷Qが蓄積されている系を考える．絶縁が良好であれば，この電荷は導体に維持されていて「静電気」と見なすことができる．図のSを閉じるとこの電荷はすべてグランドに落ちるので，このとき流れる電流の時間変化を電流計で記録することができれば

$$Q = \int I(t)dt \tag{6・1}$$

により，最初に蓄積されていた全電荷量を計測できる．

電流の時間積分を行うかわりに，図6・2のような積分回路を用いて，電荷量を電圧に変換することができる．理想的オペアンプの動作条件では，バーチャル

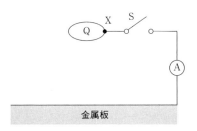

図6・1　導体の電荷をグランドに流す回路の基本構成

6章　静電気計測

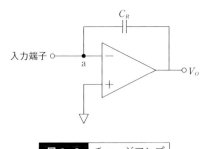

図6・2　チャージアンプ

グランドにより，a点の電位はグランドと等電位になる．従って，入力に接続された電荷は，グランド電位に向かって全て流れる．オペアンプの入力抵抗は無限大なので，この電荷は（オペアンプ回路には流入できずに）全て，帰還コンデンサ C_R に蓄積される．したがって出力電圧 V_O は，

$$V_O = -\frac{Q}{C_R} \qquad (6・2)$$

で与えられる．この目的で用いる積分回路は**電荷―電圧変換回路（チャージアンプ）**とも呼ばれる．

[2] **ファラデーケージ**

前項では帯電導体の電荷計測について述べた．しかし通常，静電気の測定対象は絶縁体上の電荷である．図6・1で帯電体が絶縁体である場合，X点にリード（接続線）を接続しても，絶縁体上の電荷はX点を介してグランド側に流れ込むことはないので，このようにして静電気を計測することはできない．

リードを接続するかわりに，帯電体全体を導体壁で囲むことができれば，導体壁内の電荷を計測することができる．このような仕組みを**ファラデーケージ**（Faraday-cage）という．

図6・3にファラデーケージの概念図を示す．ファラデーケージは，相互に絶縁された2重の閉じた導体容器によって構成される．

(a) はじめに，ファラデーケージの内外どちらの容器にも電荷はないとする（この条件はいったんあらかじめ，内外容器をショートさせれば実現できる）．

6・1 電荷計測

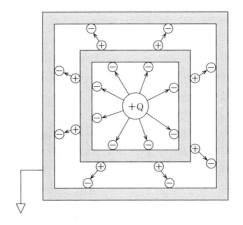

図6・3 ファラデーケージ

(b) 内容器に電荷 Q で帯電した物体を入れると，電荷 Q から出る電界が内容器内表面に達して，ここに誘導電荷を誘導する．

(c) この誘導電荷と元の電荷 Q との作る電界の重ね合わせが「導体内部には電界が入り込めない」という導体の境界条件を満足する必要がある．このとき，内容器内表面に誘導される誘導電荷の総量は $-Q$ になる．

(d) ところで元々，内容器全体では最初に電荷ゼロであって，内容器自体は絶縁されていたのであるから，電荷保存条件により，内容器外表面には等量 Q の電荷が発生し，内容器導体壁内部に電界が入り込まないように外表面に分布する．

(e) この内容器外表面に分布した電荷 Q は，導体表面に分布した電荷であるから，自由に動くことができる．この状態で，内容器外表面と外容器内表面の間にコンデンサが形成される．

以上の動作原理により，内容器外表面と外容器内表面の間に形成されるコンデンサの等価回路が図6・4である．このコンデンサに蓄えられた電荷を計測することができれば，はじめにファラデーケージの中に入れた電荷を求めることができる．

ファラデーケージの静電容量が既知で C_F の場合，内容器―外容器間の電圧 V を測定すれば

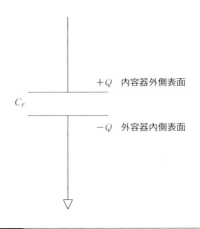

図6・4 電荷を入れたファラデーケージの等価回路

$$Q = C_F V \qquad (6・3)$$

のように電荷を求めることができる.ただし,実際の計測では,電圧測定のためにファラデーケージに接続する電線や電圧計の静電容量が C_F に対して並列に接続されるので,計測系全体の静電容量を正確に定めることが難しい.

ファラデーケージに前節で述べたチャージアンプを接続すると,アンプの出力電圧 V_O から

$$Q = -C_R V_O \qquad (6・4)$$

で電荷を求めることができる.この場合,チャージアンプ入力の仮想接地の条件により,全ての電荷が帰還コンデンサ C_R に流れるので,接続されるファラデーケージやリードの静電容量の影響を受けずに測定を行うことができる.

ファラデーケージ法による電荷測定の特徴はこのようにして,測定対象である電荷(または帯電物体)をファラデーケージ内容器中に移すことさえできれば,内容器に囲われた電荷の総量を,内容器内部での電荷の空間分布に影響を受けずに測定できる点にある.

6・2 表面電位

〔1〕表面電位

　帯電した絶縁物体を，その場所から，絶縁体全体の帯電量を変化させないでファラデーケージの中に移動させることができる場合は相当に限られている．例えば，図6・5のように，金属の表面に絶縁性のフィルムが設置されていてその表面の静電気を調べたい場合を考える．フィルムをファラデーケージに移動させると，表面から剥がす際にその裏側に発生するであろう静電気を含めた，フィルム全体の帯電量が計測にかかることになる．このため，フィルム表面側の電荷だけを独立に測定することはできない．このような場合には，電荷量を測定するかわりに，フィルムの**表面電位**を測定することになる．

　電気の実体は電荷である．これに対して電位の計測では，この電荷によって生じる，基準点（通常はグランド電位）に対する電位差を測定する．電位は当然，境界条件によって，つまりグランドに対する静電容量によって，同じ電荷量に対しても変化する量である点に注意が必要である．一方，表面電位は，その電荷がその場所にあるときに，周囲に対してどのような影響を与えるかを知るためには重要な指標である点にも留意したい．

　図6・5では，フィルムの静電容量 C_f は，フィルムの厚みを d，誘電率を ε，面積を S として

$$C_f = \frac{\varepsilon S}{d} \tag{6・5}$$

である．絶縁性フィルム表面の電荷密度が $\sigma\,[\mathrm{C/m^2}]$ であるとき，フィルムの表面電位 V_S は

$$V_S = \frac{\sigma S}{C_f} = \frac{\sigma d}{\varepsilon} \tag{6・6}$$

図6・5　帯電絶縁体フィルムによる表面電位の構成

になっている．したがって，同じ帯電量でも，フィルムの厚みが増加すれば表面電位は増加することがわかる．

〔2〕電界計

図6・5のようなフィルム表面が一様に帯電した系の等価回路は，**図6・6**（a）のように描ける．この表面にグランド電位に接続された導体製のセンサを近づけると，フィルム表面とセンサの間の静電容量をC_Sとして，等価回路は（b）のようになる．このとき，センサ電極表面に誘導される電荷q_Sは，フィルムの（裏の金属電極との間の）静電容量をC_fとし，表面電荷量をQ_Sとして

$$q_S = -\frac{C_S Q_S}{C_S + C_f} \tag{6・7}$$

となる．しかるに，センサを近づける前には

$$Q_S = C_f V_S \tag{6・8}$$

であったのだから

$$q_S = -\frac{C_S C_f}{C_S + C_f} V_S \tag{6・9}$$

となり，センサに誘導される電荷q_Sは最初の（センサを近付ける前の）フィルム表面電位V_Sに比例する．ただし，この誘導電荷をそのまま測定するのは簡単ではないので，通常は以下のような工夫で，電荷ではなくて変動電流を測定する．

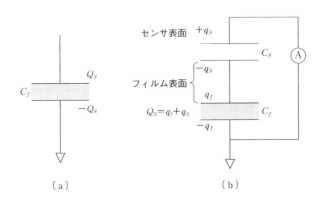

図6・6 表面電位計測の等価回路

6・2 表面電位

簡単のために，以下では $C_f \gg C_S$ とすると，式(6・9)は，

$$q_S = -C_S V_S \tag{6・10}$$

となる．ここで，C_S を以下のように変動させる．

$$C_S = C_0 + C \sin \omega t \tag{6・11}$$

この静電容量の変動に対応して，センサには以下の交流電流が流れる．

$$I = \frac{dq_S}{dt} = -\omega C V_S \cos \omega t \tag{6・12}$$

この電流を測定して，他方でセンサの静電容量変動の振幅 C を校正できれば，表面電位 V_S を求めることができる．

センサに誘導される電荷 q_S は，空気（真空）の誘電率を ε_0，センサ表面積を S_S，センサ表面に入る電界を E とすると

$$q_S = -\varepsilon_0 S_S E \tag{6・13}$$

であるから，この計測は**電界計測**とも呼ばれる．

C_S を変動させるためには通常次のようにする．センサ電極の表面を部分的にグランド電極でガードし，この開口面積を周期的に変動させる．これによってセンサ電極の観測面に対する露出面積が周期的に変化し，C_S が周期的に変動する．このためにしばしば，**図6・7** のような構造が用いられた．これは，風車の羽根のような形をした2枚のガード電極で構成されている．片方を固定しておいて他方を回転させることで，開口面積を正弦波的に変化させることができる．この構造によるセンサは，その形状から**フィールドミル**（**風車型電界計**）と呼ばれている．

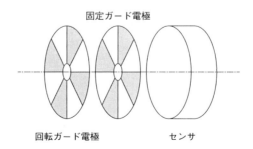

図6・7 フィールドミルのセンサ電極の概念図

式(6·12)からもわかるように，電流測定感度を向上させるためには，センサ面積を大きくして C をかせぐか，センサ変動周波数 ω を増加させる．最近では，電流計の測定感度が向上したおかげで，センサ面積を小さくできるようになった．そこで，特に表面電位計測の空間分解能を向上させる目的で，ガード電極に単に小さな穴をあけて，その裏側でセンサ電極を振動させる構造などが採用されている．実用測定器では実際に様々なセンサ形状が提案されているが，測定器の計測原理を理解するうえでは，その構造によってどのように C_S を変動させているのかを理解することが重要である．

〔3〕フィードバック式表面電位計

前節の式(6·10)に示したように，電界計測（またはセンサ電極の誘導電荷計測）と測定面の表面電位の間には一定の関係があるが，C_S または C の値が正確に定まらないと，振動電流測定値から元の表面電位の値を求めることができない．通常これは測定距離を一定に保つことを条件として，測定器ごとに校正されている．

このようにセンサの静電容量の影響を受けない計測を構成するためには，零位法を採用する必要がある．センサにバイアス電圧を印加して，センサ静電容量を振動させたときに測定電流がゼロになるように，バイアス電圧をフィードバック制御する計測法を**フィードバック式表面電位計測法**という．図6·8に装置系の等価回路を示す．この図で振動電流が流れない条件が成立したときのフィードバックバイアス電圧 V_F が，被測定系の元の（センサを近付ける前の）表面電位と等しくなることは明らかであろう．

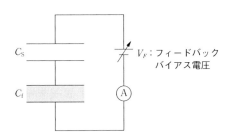

図6·8 フィードバック式表面電位計測法の等価回路

演習問題

1 ファラデーケージの静電容量が 200 pF で，これに接続するケーブルの静電容量が 100 pF である．出力電圧を，入力インピーダンスが十分大きい電圧計で直接測定したときの値が 650 mV であった．ファラデーケージに入れた電荷量を求めよ．

2 ファラデーケージの静電容量が 200 pF で，これに接続するケーブルの静電容量が 100 pF である．この出力を $C_R = 100$ pF のチャージアンプに接続した．ファラデーケージに 55.0 pC の電荷を入れたときのチャージアンプ出力電圧を求めよ．

3 十分に広い金属製平板の上に均一な厚み $d = 100\ \mu\text{m}$ で比誘電率 $\varepsilon_r = 2.20$ の絶縁性フィルムが固定されている．このフィルム上を電荷密度 $\sigma = -3.20 \times 10^{-5}$ C/m² で一様に帯電させた．表面電位を求めよ．

4 インターネット検索で，実際に市販されているエレクトロメータを調べて，エレクトロメータにはどのようなどのような測定機能があるか，また，その測定レンジについてまとめよ．

5 インターネット検索で，実際に市販されている表面電位計を調べ，その測定原理がどうなっているのかまとめよ．また，振動容量法による電界計が測定原理であるとき，測定面とセンサの距離がカタログ上でどのように指定されているのかまとめよ．

6 図 6·1 に示した方法では（たとえ物体が導電性であっても），式(6·1)の電流積分で総電荷量を求めようとしても実際には上手く行かない．この方法にどのような問題があるのか考察してみよ．

7章 電力測定(1)

　電力は，電源から送られた電気エネルギーが，負荷によって単位時間あたりに消費されるエネルギーである．電力は直流回路においては，負荷にかかる電圧と負荷に流れる電流との積で求められる．交流回路においては，1周期にわたる時間平均で電力が定義される．

　本章では，電気回路の解析を用い，電圧計と電流計による，電力計測について述べる．交流回路においては実際に負荷で消費されるエネルギー（有効電力）と電源と負荷の間を行き来するだけのエネルギー（無効電力）にわけられるため，それらの測定法について述べる．

7・1 直流電力の測定

〔1〕直流電力

　図7・1(a)の回路において負荷 R_L で消費される電力は負荷電圧 V_L と負荷電流 I_L の積で電力 $P = V_L I_L$ が与えられる．

〔2〕電流計と電圧計による測定

　負荷電圧 V_L と負荷電流 I_L を計測する回路として図7・1(a)および(b)の

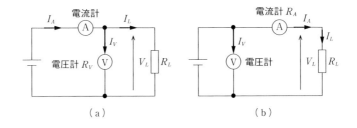

図7・1 負荷で消費される電力測定回路

いずれかが考えられる.

図7・1 (a) の回路の電流計の読みを I_A とすると

$$I_A = I_V + I_L \tag{7・1}$$

である. 電圧計の内部抵抗を R_V とすると電力 P_a は

$$P_a = V_L I_L$$
$$= V_L(I_A - I_V)$$
$$= V_L\left(I_A - \frac{V_L}{R_V}\right)$$
$$= V_L I_A - \frac{V_L{}^2}{R_V} \tag{7・2}$$

で与えられる. ここで V_L は電圧計の読みである. 式(7・2)の右辺第1項が電圧計と電流計の読みから求まる電力となり, 第2項は電圧計で消費される電力でありこれが誤差になる.

次に図7・1 (b) の回路を考える. 電流計の内部抵抗を R_A とすると, 電圧計の電圧 V_V は

$$V_V = V_L + R_A I_A \tag{7・3}$$

となる. 従って電力 P_b は式(7・3)を用いて

$$P_b = V_L I_A$$
$$= (V_V - R_A I_A)I_A$$
$$= V_V I_A - I_A{}^2 R_A \tag{7・4}$$

式(7・4)の右辺第1項が電圧計と電流計の読みから求まる電力となり, 第2項が誤差となる. 実際の消費電力 P_a および P_b, 電圧計および電流計の読みの積から求まる電力を P_{a0} および P_{b0} とすると図7・1 (a) の回路における相対誤差は式(7・5)のようになる.

$$\varepsilon_a = |(P_a - P_{a0})/P_{a0}| \approx \frac{V_L{}^2/R_V}{V_L{}^2/R_L} = \frac{R_L}{R_V} \tag{7・5}$$

図7・1 (b) の回路における相対誤差は, 式(7・6)のようになる.

$$\varepsilon_b = |(P_b - P_{b0})/P_{b0}| \approx \frac{I_L{}^2 R_A}{I_L{}^2 R_L} = \frac{R_A}{R_L} \tag{7・6}$$

$\varepsilon_a < \varepsilon_b$ とおいて $R_L{}^2 < R_A R_V$ のとき, 回路 (a) における測定の誤差の方が回路 (b) における測定誤差に比べて小さくなる. また $\varepsilon_a > \varepsilon_b$, すなわち $R_L{}^2 > R_A R_V$ のとき, 回路 (b) における測定誤差のほうが, 回路 (a) における測定誤差に

比べて小さくなる．測定誤差の小さい回路を用いることに注意が必要である．

〔3〕電流力計形電力計による測定

図7・2において固定コイルに負荷抵抗R_Lをつなぎ，可動コイルに抵抗R_Mを接続し，それぞれ並列に電源Vに接続する．固定コイルにより発生した磁界と可動コイルを流れる電流との間でローレンツ力が生じ，可動コイルにトルクT_M

$$T_M = k_1 I_F I_M \cos(\alpha - \theta) \tag{7・7}$$

を生ずる．ここで，I_Fは固定コイルに流れる電流，I_Mは可動コイルに流れる電流，k_1は比例定数とする．ばねによるトルクT_Cは可動コイルのばね定数をk_2とすると，$T_C = k_2\theta$で与えられるので指針の振れ角θは両トルクが等しいとおいて次式で与えられる．

$$k_2\theta = k_1 I_F I_M \cos(\alpha - \theta) \tag{7・8}$$

目盛の中央付近では$\alpha \cong \theta$すなわち$\cos(\alpha - \theta) \cong 1$となり，$\theta$は$I_F I_M$に比例する．

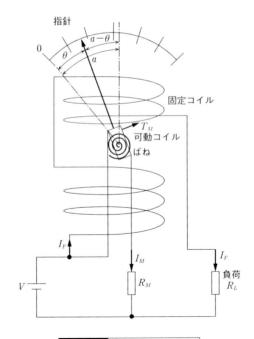

図7・2 電流力計形電力計

固定コイル，可動コイルの抵抗が無視できる場合，$I_F = I_L$（負荷電流），V_Lを負荷電圧とすると，$I_M = V_L/R_M$であるからθは$I_L V_L$に比例し負荷で消費される電力に比例する．

固定コイル抵抗R_Fが無視できない場合を考える．固定コイルの抵抗R_Fにより電圧降下が生ずるので，消費電力は$I_M R_M = I_F R_F + I_F R_L$を用いて，

$$P = I_F V_L$$
$$= I_F(I_M R_M - R_F I_F)$$
$$= I_F I_M R_M - R_F I_F^2 \qquad (7・9)$$

で与えられる．第1項が指示計の指示値，第2項$R_F I_F^2$が電力計で消費される電力となり，これが誤差となる．

7・2 交流電力の測定

〔1〕交流電力

図7・3の回路に

$$v(t) = \sqrt{2}\,V\sin(\omega t + \phi_V) \qquad (7・10)$$

の電圧$v(t)$を加えたとき，回路には

$$i(t) = \sqrt{2}\,I\sin(\omega t + \phi_I) \qquad (7・11)$$

の電流$i(t)$が流れたとする．ここでωは電源の角周波数，ϕ_Vおよびϕ_Iは電圧，電流の位相を表す．

このとき回路の電力はどのようになるか考える．式(7・10)および式(7・11)の電圧，電流の積，すなわち瞬時電力$p(t)$は，

$$p(t) = v(t)i(t) = 2VI\sin(\omega t + \phi_V)\sin(\omega t + \phi_I) \qquad (7・12)$$

で与えられる．三角関数の公式を用いて式(7・12)は

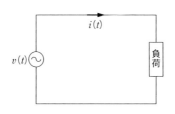

図7・3　交流回路

7章 ■ 電力測定（1）

$$p(t) = VI\{\cos(\phi_V - \phi_I) - \cos(2\omega t + \phi_V + \phi_I)\} \tag{7・13}$$

と書ける．式(7・13)の第1項は時間によらず一定の値をとり，第2項は時間とともに角周波数 2ω で変化する値である．

式(7・13)の平均値をとると，第1項は時間的に変化しないこと，第2項は正負を繰り返すので，その平均値は0になることにより，平均値 P

$$P = \frac{1}{T} \int_0^T P(t)dt \tag{7・14}$$

を計算すると

$$P = VI \cos(\phi_V - \phi_I) \tag{7・15}$$

となる．ここで T は周期で，$T = 2\pi/\omega$ である．

次に交流電力を複素数を用いて導出する．電圧 $v(t)$，電流 $i(t)$ を複素数表示すると式(7・10)，(7・11)は，

$$\dot{V} = Ve^{j\phi_V} = V(\cos\phi_V + j\sin\phi_V) \tag{7・16}$$

$$\dot{I} = Ie^{j\phi_I} = I(\cos\phi_I + j\sin\phi_I) \tag{7・17}$$

となる．ここで $e^{j\omega t}$ は省略する．$\dot{I}$ の共役複素数 $\bar{I} = Ie^{-j\phi_I}$ を考え，これと $\dot{V}$ との積を求めると，

$$\dot{V}\bar{I} = VI\{\cos(\phi_V - \phi_I) + j\sin(\phi_V - \phi_I)\} \tag{7・18}$$

となる．これを次式のように書く．

$$\dot{V}\bar{I} = P + jQ \tag{7・19}$$

$\dot{V}$ と $\bar{I}$ の積の実数部 $\mathrm{Re}(\dot{V}\bar{I})$ は $P = VI\cos(\phi_V - \phi_I)$ 〔W〕となり，**実効電力** P を表す．また，虚数部は $Q = VI\sin(\phi_V - \phi_I)$ 〔var〕となり，**無効電力** Q を表す．また，VI 〔V・A〕は皮相電力を表し，$\cos(\phi_V - \phi_I)$ を**力率**と呼ぶ．

〔2〕電圧計と電流計による測定

三つの電圧計と一つの抵抗，あるいは三つの電流計と一つの抵抗を用いて，交流電力を測定できる．

(a) 三電圧計法

図7・4（a）に示す回路において，それぞれの電圧計の指示値を V_1, V_2, V_3 とする．ベクトル図を参照し，次の関係式を得る．

$$V_1{}^2 = V_2{}^2 + V_3{}^2 + 2V_2V_3\cos\phi \tag{7・20}$$

ここで電圧計の内部抵抗を無限大とする．従って，交流電力 P は式(7・18)およ

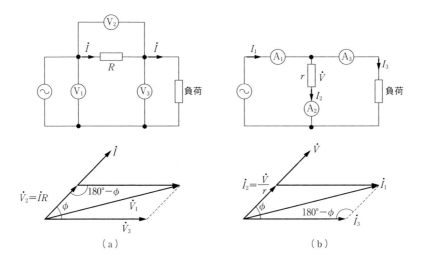

図7・4 3電圧計法と3電流計法

び(7・19)より

$$P = V_3 I \cos\phi = V_3 \frac{V_2}{R} \cos\phi = \frac{1}{2R}(V_1^2 - V_2^2 - V_3^2) \tag{7・21}$$

で与えられる.

(b) 三電流計法

図7・4(b)に示す回路において,それぞれの電流計の指示値をI_1, I_2, I_3とする.ベクトル図より,

$$I_1^2 = I_2^2 + I_3^2 + 2I_2 I_3 \cos\phi \tag{7・22}$$

が成り立つ.ここで電流計の内部抵抗は0とする.負荷で消費される交流電力Pは式(7・18)および(7・19)を用いて,

$$P = VI_3 \cos\phi = rI_2 I_3 \cos\phi = \frac{r}{2}(I_1^2 - I_2^2 - I_3^2) \tag{7・23}$$

で与えられる.

〔3〕電流力計形電力計による電力測定

図7・5に電流力計形電力計を交流電力測定に用いたときの等価回路を示す.

7章 電力測定（1）

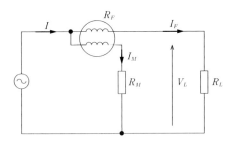

図7・5 電流力計形電力計の等価回路

固定コイルと可動コイルに流れる電流をそれぞれ $i_F = \sqrt{2}I_F \sin\omega t$, $i_M = \sqrt{2}I_M \sin(\omega t - \phi)$ とする．ここで ω は電源の各周波数，ϕ は i_F と i_M の位相差とする．2つのコイルに働く相互作用により生ずるトルクは式(7・8)より，

$$k_2\theta = k_1 i_F i_M \cos(\alpha - \theta) \cong k_1 2 I_F \sin\omega t \; I_M \sin(\omega t - \phi)$$
$$= k_1 I_F I_M \{\cos\phi - \cos(2\omega t - \phi)\} \tag{7・24}$$

となる．ここで，$\cos(\alpha - \theta) = 1$ とおいた．指針の慣性により ω が十分大きいと，指針 θ は，

$$\theta = \frac{k_1}{k_2} I_F I_M \cos\phi \tag{7・25}$$

と表される．可動コイルと直列に抵抗 R_M が接続されているとし，固定コイル，可動コイルの抵抗およびインダクタンスが無視できる場合，I_F, I_M は $I_F = I_L$, $I_M = V_L/R_M$ で与えられ，式(7・25)は，

$$\theta = \frac{k_1}{k_2} \frac{1}{R_M} I_L V_L \cos\phi \tag{7・26}$$

となり，消費電力（有効電力）を表す．

〔4〕無効電力の測定

無効電力は有効電力のように仕事をする電力ではないが，力率の計算，制御用の信号，電力取引のデータとなる重要な量である．

前項で説明した図7・5において，抵抗 R_M の代わりに十分大きなインダクタンス L を接続した回路を**図7・6**に示す．図7・6（b）から分かるように，可動コイルに流れる電流 $\dot{I}_M$ は負荷電圧 $\dot{V}_L$ より 90° 位相が遅れる．無効電力 Q は図7・6

7・2 交流電力の測定

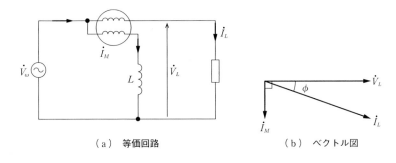

（a）等価回路　　　　　　　　（b）ベクトル図

図7・6 無効電力の測定

(b) のベクトル図より，

$$Q = \mathrm{Im}(\dot{V}_L \overline{\dot{I}_L}) = \mathrm{Im}(V_L I_L e^{+j\phi}) = V_L I_L \sin\phi \tag{7・27}$$

で与えられる．

一方トルク（指示値 θ）は，固定コイルと可動コイルに流れる電流の積の時間平均に比例するので，

$$\begin{aligned}
\theta &= \frac{k_1}{k_2} \frac{1}{T} \int_0^T \sqrt{2}\,\frac{V_L}{\omega L} \cos\left(\omega t - \frac{\pi}{2}\right) \sqrt{2}\, I_L \cos(\omega t - \phi)\, dt \\
&= \frac{k_1 V_L I_L}{k_2 \omega L} \frac{1}{T}\int_0^T \left\{\cos\left(\phi - \frac{\pi}{2}\right) + \cos\left(2\omega t - \frac{\pi}{2} - \phi\right)\right\} dt \\
&= \frac{k_1 V_L I_L}{k_2 \omega L} \sin\phi
\end{aligned} \tag{7・28}$$

となる．従って，無効電力は指示値 θ に比例する．

〔5〕力率の測定

電流力計形力率計の動作原理を**図7・7**に示す．F は固定コイルで負荷電流 $\dot{I}_L$ が流れる．M_1, M_2 は直交するように取り付けた可動コイルで，それぞれ R および L を直列に接続し，負荷と並列につながれている．従って，コイル M_1 とコイル M_2 を流れる電流 $\dot{I}_{M1}, \dot{I}_{M2}$ の位相は 90°の差があるので，M_1, M_2 に働くトルクを T_1, T_2 とすれば，

$$T_1 = K I_L I_{M1} \cos\phi \cos\left(\frac{\pi}{2} - \theta\right) \tag{7・29}$$

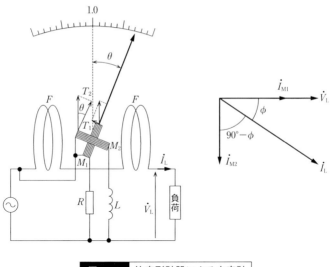

図7・7 比率形計器による力率計

$$T_2 = KI_L I_{M2} \cos\left(\frac{\pi}{2} - \phi\right)\cos\theta \tag{7・30}$$

と求まる．ここで，K は比例定数，ϕ は負荷電圧 $\dot{V}_L$ と負荷電流 $\dot{I}_L$ の位相差である．$I_{M1} = I_{M2}$ となるように R, L を求めると $T_1 = T_2$ で指針は静止するので式 (7・29), (7・30) より $\theta = \phi$ となり，θ が位相角 ϕ を表示する．目盛りを $\cos\theta$ で目盛れば力率計となる．

演習問題

1 図7・1 (a), (b) においての読みをそれぞれ 50 V, 1 A とする．ここで電圧計および電流計の内部抵抗が 50 kΩ および 1 Ω である．負荷抵抗 1 kΩ で消費される電力を 50 〔V〕×1 〔A〕= 50 〔W〕と計算するとき，それぞれいくらの誤差が含まれるか．

2 式(7・15)を導出せよ．

3 式(7・18)を導出せよ．

4 図7·8のRC直列回路において $V=100$ 〔V〕, $R=20$ 〔Ω〕, $1/\omega C=10$ 〔Ω〕のとき,回路の電力,無効電力,力率を求めよ.

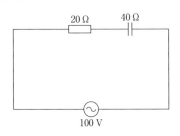

図7·8

5 図7·7において,固定コイル F に流れる電流 $i_L(t)=\sqrt{2}I_L\sin(\omega t-\phi)$, 可動コイル M_1, M_2 に流れる電流をそれぞれ $i_{M1}=\sqrt{2}I_{M1}\sin\omega t$ および $i_{M2}(t)=\sqrt{2}I_{M2}\sin\left(\omega t-\dfrac{\pi}{2}\right)$ として M_1, M_2 に働くトルクの時間平均を求めることにより,式(7·29), (7·30)を導出せよ.

6 電流力計電力計において,交流電力を測定するとき,固定コイルの抵抗 R_F が無視できない場合の指示後との誤差を求めよ.

8章 電力測定（2）

電力は一般に時間変動する場合が多く，積算した電力，すなわち電力量を知ることが必要な場合がある．その測定について，家庭の商用電源で使用されている電力量計について計測原理を述べる．1 GHz から数 10 GHz のマイクロ波では電圧および電流は線路の場所により値が異なるので，電力を求めるのに電圧，電流を測定しても意味がない．その場合，負荷で発生する熱量を計測し，電力を測定する方法について述べる．

8·1 誘導形電力量計

図8·1に示すように，電圧コイルによる電磁石と電流コイルによる電磁石の間にアルミニウムの円盤を置く．負荷電圧 $\dot{V}$ により作られる磁束 $\dot{\Phi}_P$ は $\dot{V}$ の大きさに比例し，位相は $\pi/2$ 遅れる．

負荷電流 $\dot{I}$ により作られる磁束 $\dot{\Phi}_C$ の大きさは，負荷電流 $\dot{I}$ に比例し位相は同相である．今，負荷電流は，負荷電圧より位相が ϕ 遅れているとする．うず電流 $\dot{I}_e$ は $\dot{\Phi}_C$ と位相が $\pi/2$ 遅れる．以上のことより，

$$\dot{\Phi}_P = K_1\sqrt{2}\,V \sin\left\{\omega t - \left(\frac{\pi}{2} - \phi\right)\right\} \tag{8·1}$$

$$\dot{I}_e = K_2\sqrt{2}\,I \sin\left(\omega t - \frac{\pi}{2}\right) \tag{8·2}$$

となる．うず電流 $\dot{I}_e$ と磁束 $\dot{\Phi}_p$ に働くトルク T_C は $T_C \propto \dot{\Phi}_p \dot{I}_e$ となるから1周期 T の平均トルク $\bar{T}_c$ は比例定数 K として

$$\bar{T}_c = K2VI\frac{1}{T}\int_0^T \cos(\omega t + \phi)\cos\omega t dt$$

$$= KVI\frac{1}{T}\int_0^T \{\cos\phi + \cos(2\omega t + \phi)\}dt$$

$$= KVI\cos\phi \tag{8·3}$$

となる．このトルクによりアルミニウム円板は回転するが，制動用磁石によるう

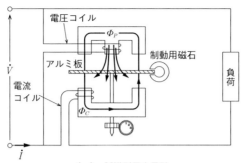

(a) 誘導形電力量計

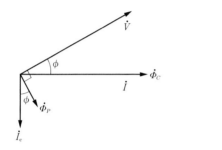

(b) 電圧，電流および磁束の位相

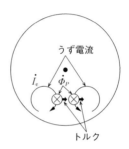

(c) アルミニウム円盤に生じるうず電流とトルク

図8・1 誘導形電力量計の動作原理

ず電流がアルミニウム円板に生じ，制動がかかる．この制動トルク T_e は回転角周波数 ω_e に比例する．

$$T_e = K_T \omega_e \tag{8・4}$$

ここで K_T は比例定数である．従ってアルミニウム円板は，

$$\omega_e = \frac{K}{K_T} VI \cos\phi \tag{8・5}$$

の等速回転運動をする．ある時間間隔 t の間の円板の回転数 N は $(\omega_e/2\pi)t$ であるから，

$$N = \frac{1}{2\pi} \frac{K}{K_T} VI \cos\phi \, t$$

$$= \frac{1}{2\pi} \frac{K}{K_T} Pt \tag{8・6}$$

となり，回転数が電力量 Pt に比例し，歯車で計量メータに伝えれば，負荷での消費電力量が積算できる．

8・2 高周波電力の測定

〔1〕終端形電力計

終端形電力計による高周波電力の測定方法として，経路の終端に取り付け，電力を抵抗体で熱に変換し，熱による抵抗変化から電力を測定する**ボロメータ法**がある．また，現在最もよく用いられている抵抗体の温度上昇を電気的に検出する熱伝対を用いた熱電変換法や，大電力の測定には液体にマイクロ波電力を吸収させ，その温度上昇から電力を測定する**カロリーメータ法**がある．

(a) ボロメータ法

ボロメータとは，温度によって抵抗値が大きく変化する素子の総称で，抵抗値の温度係数が負であるサーミスタと，正であるバレッタの2種類がある．

サーミスタは図8・2に示すように，直径1mm以下の半導体を細い2本の支持線で支え，保護のためガラス薄膜をかぶせた構造をしている．**バレッタ**は半導体の代わりにきわめて細い（直径数 μm）白金線を用いる．

電力測定は次のように行われる．ボロメータを図8・3に示すブリッジ回路の1辺に挿入する．マイクロ波を加えずに可変抵抗値 R_1 を変化させブリッジの平衡をとる．このときの電流を I_1 とする．

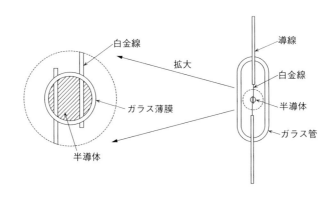

図8・2　サーミスタの構造

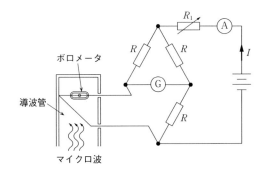

図8・3 ボロメータによるマイクロ波電力測定回路

次にマイクロ波を加え可変抵抗値 R_1 を変化させ平衡をとる．このとき電流値を I_2 とする．平衡であるためにはボロメータの抵抗は R でなければならない．ボロメータでの発熱は，マイクロ波電力とボロメータでのジュール発熱であるから次式が成り立つ．

$$R\left(\frac{I_1}{2}\right)^2 = R\left(\frac{I_2}{2}\right)^2 + P_M \tag{8・7}$$

これによりマイクロ波電力 P_M が式(8・8)のように求められる．

$$P_M = \frac{1}{4}R(I_1{}^2 - I_2{}^2) \tag{8・8}$$

(b) 熱電効果電力計

この電力計は，マイクロ波の消費電力に比例した直流電圧を発生する熱電対と発生電圧を電力の単位で表示する増幅回路からなる．熱電対はマイクロ波電力を吸収させた発熱体に2本の金属線，すなわち銅とコンスタンタン，あるいは白金と白金ロジウムを接合したものを接触させると，ゼーベック効果によりその両端に熱起電力が発生する．この熱起電力を測ることにより電力を計測する．

(c) カロリーメータ形電力計

図8・4に示すように，2つの同様な電力吸収抵抗負荷を設け，一方にマイクロ波を導入し，他方に直流または低周波電力を供給し加熱させる．熱電対で両負荷に温度差がないように直流または低周波の入力電力を調整し，温度差がなくなったときの入力電力の値が**マイクロ波電力**である．負荷相互の熱遮断，外部と

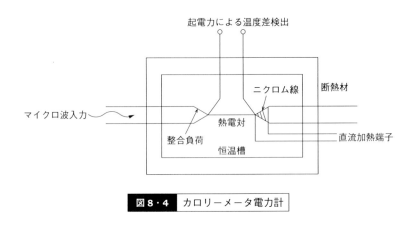

図8・4 カロリーメータ電力計

の熱絶縁を完全にすることが重要である.

〔2〕 通過形電力計

　導波管形方向結合器を図8・5に示す.**方向性結合器**はマイクロ波測定によく用いられている重要な回路素子である.まず,その原理を説明する.2本の導波管(1-2を主導波管, 3-4を副導波管とする)を密着させ,その密着面に$\lambda_g/4$の距離を開けて2個の結合穴があいている.ここでλ_gは導波管内のマイクロ波波長である.結合穴A,Bを通って副導波管中に入射した電力は右左に半分ずつ分かれて伝播する.4へ出て行く波はAを通って来たものとBを通って来たも

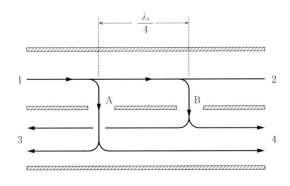

図8・5 導波管形方向性結合器

ので，その走行距離が同じであるから，同位相で重なり合わされる．一方3へ出て行く波は，Aを通ってきたものとBを通って来たものとで走行距離において$\lambda_g/2$の差があるから打ち消しあって出て行かない．同様に2から1の方向へ伝播する波は3へ出ていくが4へは出て行かない．このようにこの装置が方向性結合器として動作する．副導波管の両側の出力をマイクロ波用ダイオードで検波して直流に変換し，電力に換算すれば**通過形電力計**となる．

次に同軸線の方向性結合器について説明する．図8・6 (a) に示すように主同軸線1-2に副同軸線3-4がその内部導体で作ったループによって結合している．このループに流れる電流は，このループと主同軸線の内部導体とは静電容量Cで表される静電結合および相互インダクタンスMで表される電磁結合がある．

その様子を (b) の等価回路で示す．ここでωを主線路を伝わる電磁波の角周波数とし，抵抗rは$1/\omega C$に較べ，十分小さいと仮定すると，ループには，

$$I_C = \frac{j\omega CV}{2}, \quad I_M = \frac{j\omega MI}{2r} \tag{8・9}$$

の電流が流れる．$I_C = I_M$となるように，すなわちZ_0は主線路の特性インピーダンスとして，

$$\frac{V}{I} = \frac{M}{rC} = Z_0 \tag{8・10}$$

を満たすように設計すれば，副同軸線3に出て行く合成波はI_cとI_Mが打ち消しあって零となり，4に出て行く合成波は両者が重なり合う．すなわち，1から2

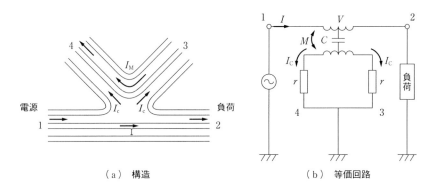

(a) 構造　　　　　　　　　　(b) 等価回路

図8・6 同軸線形方向性結合器

8章　電力測定（2）

へ送られる電力は4へ出るが，3へは出ない．このように図8·6（a）の構造の結合器は方向性結合器として動作する．抵抗 r で消費される電流は，

$$I_M + I_C = j\omega CV = j\omega \frac{M}{r} I \tag{8・11}$$

となり，主線路の電流（あるいは電圧）に比例した値となり，抵抗として熱電流計を用いればマイクロ波電力が測られる．

演習問題

1 図8·1より，定方向にトルクが働くことを定性的に説明せよ．

2 導波管形方向性結合器の原理を説明せよ．

9章 信号選択技術 （1）

　計測において，目的とする信号の情報を曖昧にするノイズの特性と種類を学ぶ．ノイズと目的の信号を分離する手法として，静的な信号選択技術を解説する．また，信号の周波数領域における表現を理解するために，フーリエ級数展開やフーリエ変換の手続きと数学的な意味を学ぶ．また，動的信号選択技術であるフィルタを解説する．

9・1 ノ イ ズ

　計測において目的の信号以外の不要な信号を**ノイズ**（雑音）と呼んでいる．ノイズは，目的とした信号を抽出しにくくするだけでなく，信号情報を曖昧にしている．近年，電気・電子回路の高周波化および高速化が進められ，電源の低電圧化も要求されている．したがって，回路の出力信号振幅が低下し，回路素子から発生するノイズおよび外部から混入するノイズが無視できなくなりつつある．

　ノイズは，自然に発生するものと人工的に発生するものがある．自然に発生するノイズには，雷や地震等のように外部で発生し，計測対象または計測機器に混入するものと，回路素子自体が発生する内部のノイズがある．また，人工的に発生するノイズには，携帯電話や放送の電磁波が直接計測機器に混入する場合や，素子や導線の静電結合や電磁結合等の特性が影響して混入する場合がある．外部から混入するノイズに対しては，進入経路を遮断することによりノイズを低下させることができるが，熱や光子等に起因する素子自体が発生するノイズや，素子由来のノイズの除去は簡単ではない．本節では，いくつかの代表的なノイズの種類と特性，および信号にどの程度ノイズが含まれるかを表す S/N 比に関して説明する．

〔1〕熱雑音
　熱雑音は，抵抗体内の伝導電子が不規則な熱運動を行うことによって生じる

ノイズである．これは，素子自体が発生する内部のノイズの一種である．熱雑音は，ジョンソン雑音と呼ばれることもある．熱雑音は，どの周波数においても一定の大きさを持つノイズである．光における白色光と同様に周波数に対する顕著なピークを示さない**ホワイトノイズ**（白色雑音）でもある．熱雑音のパワー P_N は，次のように表すことができる．

$$P_N = 4k_B T \Delta f \tag{9・1}$$

ここで，k_B をボルツマン定数，T を抵抗体の絶対温度および Δf を周波数帯域幅（周波数の範囲）とする．ノイズ源である素子の抵抗値を R とすると，熱雑音の電圧 v_N および，電流 i_N は

$$v_N = \sqrt{4k_B T \Delta f R} \tag{9・2}$$

および

$$i_N = \sqrt{4k_B T \Delta f / R} \tag{9・3}$$

で与えられる．式(9・1)および(9・3)から分かるように，素子から発生する熱雑音は，温度，周波数帯域幅および抵抗値に依存する．そのため，熱雑音は素子の温度を下げて低減させることができる．

〔2〕 ショットノイズ

ショットノイズ（ショット雑音）も，熱雑音と同様に広い周波数領域において一定の大きさを示すホワイトノイズである．粒子性を持った電子や光子が検出されるとき，統計的平均としては一定値であるが，時間的にはゆらぎがある．特に，光電子増倍管やフォトダイオード等の光を検出する素子において，このパルス的なノイズは問題となる．非常に多くの光子を検出する際には，信号に含まれる光子雑音は無視できるが，光子数が少ない場合には，相対的に重要となる．熱雑音と異なり，素子の温度を下げてもショットノイズを減少させることはできない．

〔3〕 1/fノイズ

パワーが周波数 f に反比例するノイズを **1/fノイズ**（1/f雑音）と呼んでいる．1/fノイズのパワーは低周波ほど高く，ピンクノイズと呼ばれることもある．自然界には1/fノイズや1/fゆらぎが多数観測される．例えば，数百年または数千年単位の地球の気温変動や，川の流れる音または脳波等が代表的である．

電気・電子計測において大きな問題となることはあまりないが，ゆっくりとした変化を計測する場合に，混入する場合がある．

〔4〕S/N 比

検出した信号のパワー P_S に対して，ノイズのパワー P_N がどの程度含まれるかを表すのが S/N 比または SN 比である．通常は，次のように常用対数で表現するデシベル（db）を用いて表示することが多い．

$$S/N = 10 \log_{10} \frac{P_S}{P_N} \tag{9・4}$$

信号を正確に解析するためには，高い S/N 比を実現する必要がある．

9・2 静的な信号選択手法

正確な信号計測を行ううえで，ノイズが混入する信号から，目的とする信号だけを選択する技術が重要となる．そのためには，ノイズの進入経路や特性を理解し，目的の信号との分離が必要となる．信号の選択および分離技術には，静的な手法と動的な手法がある．ここでは，ノイズが測定結果に及ぼす影響や伝達経路に着目しながら，信号とノイズの静的な特性の相違を利用して選択・分離する手法を学ぶ．静的な信号選択手法として代表的な補償構造と差動構造を説明する．

〔1〕補償構造

ノイズが測定結果に及ぼす影響が定量的に分かっていれば，目的の信号とノイズの両方を含んだ測定値から，ノイズの寄与を打ち消すことが可能である．この信号の選択手法を**補償**と呼んでいる．

計測目的の信号を m，ノイズを n とし，信号とノイズが同時に作用したときの要素を $F(m, n)$ とする．ここで，ノイズの寄与 $f(n)$ が別の経路で定量化されていれば，両者の差を取ることによって，ノイズの影響を打ち消すことができる．ここでは，**図 9・1** に示すように，信号とノイズを含む出力とノイズの要素の差が補償された出力となる．

いま，補償の効果を定量化するために，m および n のそれぞれの微小な変化である Δm および Δn を考える．ここでは，Δm および Δn の 2 次の項まで考慮

9章 信号選択技術（1）

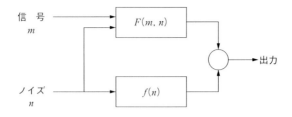

図9・1 信号 m とノイズ n の補償の構造

すると

$$F(m+\Delta m, n+\Delta n) - f(n+\Delta n)$$
$$\cong F(m,n) + \left(\Delta m \frac{\partial}{\partial m} + \Delta n \frac{\partial}{\partial n}\right)F(m,n) + \frac{1}{2}\left(\Delta m \frac{\partial}{\partial m} + \Delta n \frac{\partial}{\partial n}\right)^2 F(m,n)$$
$$- f(n) - \Delta n \frac{\partial}{\partial n}f(n) - \frac{1}{2}\left(\Delta n \frac{\partial}{\partial n}\right)^2 f(n) \tag{9・5}$$

を得る．さらに，以下のような条件が成り立つとする．

$$F(m,n) = f(n),$$
$$\frac{\partial}{\partial n}F(m,n) = \frac{\partial}{\partial n}f(n),$$
$$\frac{\partial^2}{\partial n^2}F(m,n) = \frac{\partial^2}{\partial n^2}f(n) \tag{9・6}$$

式(9・5)は，次のように計測量の増加分 Δm だけに関係する項と，計測量およびノイズの増加分の積 $\Delta m \Delta n$ に関係する項が残る．

$$F(m+\Delta m, n+\Delta n) - f(n+\Delta n)$$
$$= \Delta m \frac{\partial}{\partial m}F(m,n) + \frac{1}{2}(\Delta m)^2 \frac{\partial^2}{\partial m^2}F(m,n) + \Delta m \Delta n \frac{\partial^2}{\partial m \partial n}F(m,n)$$
$$\tag{9・7}$$

ここで，$F(m,n)$ が，m だけの関数 $F_1(m)$ と n だけの関数 $F_2(n)$ の線形結合

$$F(m,n) = aF_1(m) + bF_2(n) \tag{9・8}$$

で表せるとき

$$\frac{\partial^2}{\partial m \partial n}F(m,n) = 0 \tag{9・9}$$

である．ただし，a および b は定数とする．したがって，次のようにノイズの変

化 Δn を打ち消すことが可能となる．

$$F(m+\Delta m, n+\Delta n) - f(n+\Delta n)$$
$$= \Delta m \frac{\partial}{\partial m} F(m) + \frac{1}{2}(\Delta m)^2 \frac{\partial^2}{\partial m^2} F(m) \qquad (9\cdot 10)$$

〔2〕**差動構造**

差動の構造は，計測目的の信号 m とノイズ n の対称性を利用している．補償構造に比べて，対称的な構造は実現しやすい．図9・2に示すように，信号は2つの対称な要素 F および $\overline{F}$ に異符号で加わり，ノイズは同符号で作用する．反対称に作用する信号と，対称に作用するノイズの要素の差を求める差動の構造を考える．

いま，一方の要素 $F(m,n)$ に対して，他方の要素を $\overline{F}(m,n)$ とする．信号 m とノイズ n が両者に作用したときの出力の差は

$$F(m+\Delta m, n+\Delta n) - \overline{F}(m-\Delta m, n+\Delta n)$$
$$\cong F(m,n) + \left(\Delta m \frac{\partial}{\partial m} + \Delta n \frac{\partial}{\partial n}\right) F(m,n) + \frac{1}{2}\left(\Delta m \frac{\partial}{\partial m} + \Delta n \frac{\partial}{\partial n}\right)^2 F(m,n)$$
$$- \overline{F}(m,n) - \left(-\Delta m \frac{\partial}{\partial m} + \Delta n \frac{\partial}{\partial n}\right) \overline{F}(m,n)$$
$$- \frac{1}{2}\left(-\Delta m \frac{\partial}{\partial m} + \Delta n \frac{\partial}{\partial n}\right)^2 \overline{F}(m,n) \qquad (9\cdot 11)$$

を得る．ここで，m および n のそれぞれの微小な変化である Δm および Δn を考え，Δm および Δn の2次の項まで考慮する．さらに

$$F(m,n) = \overline{F}(m,n),$$

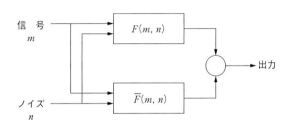

図9・2 信号 m とノイズ n の差動の構造

$$\frac{\partial}{\partial m}F(m,n) = \frac{\partial}{\partial m}\overline{F}(m,n),$$

$$\frac{\partial}{\partial n}F(m,n) = \frac{\partial}{\partial n}\overline{F}(m,n), \tag{9・12}$$

$$\frac{\partial^2}{\partial m^2}F(m,n) = \frac{\partial^2}{\partial m^2}\overline{F}(m,n),$$

$$\frac{\partial^2}{\partial n^2}F(m,n) = \frac{\partial^2}{\partial n^2}\overline{F}(m,n)$$

の関係が各要素間で成立すると，次の関係式が得られる．

$$F(m+\Delta m, n+\Delta n) - \overline{F}(m-\Delta m, n+\Delta n)$$
$$= 2\Delta m \frac{\partial}{\partial m}F(m,n) + 2\Delta m \Delta n \frac{\partial^2}{\partial m \partial n}F(m,n) \tag{9・13}$$

ここで，要素 $F(m,n)$ と $\overline{F}(m,n)$ が式(9・8)の条件を満たせば

$$F(m+\Delta m, n+\Delta n) - \overline{F}(m-\Delta m, n+\Delta n) = 2\Delta m \frac{\partial}{\partial m}F(m) \tag{9・14}$$

となり，信号の反対称性（異符号）およびノイズの対称性（同符号）が完全であれば，信号 m の出力は 2 倍となることが分かる．

1 熱雑音のパワー P_N を周波数帯域幅 Δf で割るとパワー密度が得られる．温度が 20℃，50 Ω の抵抗値を持つ雑音源のパワー密度を求めよ．

2 周波数帯域幅が容量 C を用いて $\Delta f = 1/(2\pi RC)$ で制限されているとする．$C=1\mathrm{pF}$ としたとき，20℃の外界と熱平衡状態にある雑音源の電圧 v_N を求めよ．

3 S/N 比が 0 dB および 10 dB のときの，電力比 P_S/P_N を求めなさい．また，電力比が 1 000 および 1 000 000 のときの S/N 比をデシベルで答えよ．

10章 信号選択技術（2）

本章では交流信号の振幅，周波数，位相等を時間波形から測定方法について解説する．ディジタルオシロスコープの原理を説明する．そのトリガを利用して波形を観測することで，交流信号の情報を測定することについて説明する．またノイズが含まれる交流信号を信号処理することで，交流信号の情報を抽出する方法について解説する．

10・1 交流波形の測定

電圧等の交流波形 V における計測では，式(10・1)に示す振幅 V_0，角周波数 ω および位相 θ を測定することが重要である．

$$V = V_0 \cos(\omega t + \theta) \qquad (10・1)$$

式(10・1)を測定する手段として，昔からオシロスコープやスペクトルアナライザが用いられている．両装置によって観測される曲線の一例を**図 10・1** に示す．オシロスコープで観測される波形は横軸が時間 t となっており，縦軸が V となっている．そのため式(10・1)そのものである．一方スペクトルアナライザで観測される曲線は，横軸が角周波数となり，縦軸が V となる．一見するとオシロスコ

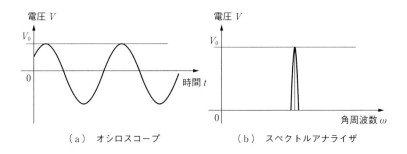

図 10・1 オシロスコープおよびスペクトルアナライザによって観測される曲線

10章 信号選択技術（2）

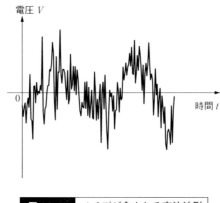

図10・2 ノイズが含まれる交流波形

ープによる計測により，全てが読み取れるように思われる．

しかし実際の計測では，図 10・2 に示すようにノイズの影響により，振幅 V_0 や角周波数 ω は波形から計測できないことが多い．そこで一般的な交流波形の計測では，まず測定対象となる信号がどのような振幅 V_0 および角周波数 ω であるのかをスペクトルアナライザによって初期測定を行い，次にオシロスコープによって位相 θ の計測を行うことが多い．現在では技術の発達によりアナログオシロスコープからディジタルオシロスコープへと変化し，得られた波形を信号処理によってノイズ除去することで振幅 V_0，角周波数 ω および位相 θ の全てをある程度測定できるようになった．以下の節ではディジタルオシロスコープによって**時間領域測定**から，より正確に振幅 V_0，角周波数 ω および位相 θ を測定する技術について説明する．

10・2 ディジタルオシロスコープによる時間波形測定

〔1〕ディジタルオシロスコープ

ディジタルオシロスコープは，離散時間におけるディジタル電圧値の波形を表示するオシロスコープである．入力されたアナログ電圧信号は図 10・3 に示すようにまずアンプによって増幅される．

タイムベースによってサンプリングされた各時間におけるアナログ電圧値は，

10・2 ディジタルオシロスコープによる時間波形測定

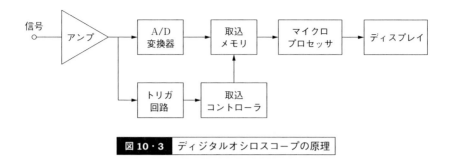

図 10・3 ディジタルオシロスコープの原理

A/D 変換器によりディジタル電圧値に変換される．これにより時間の離散化（**標本化**）と値の離散化（**量子化**）が行われる．このディジタル信号はトリガによりメモリに記憶される．メモリに記憶されたディジタル信号はマイクロプロセッサにより読み出され，ディスプレイにて表示される．波形の表示は，ディジタル値であるので主に液晶が用いられている．

ディジタル信号に変換した後の処理は信号の物理的な制約から解放されるので，後述する周期信号を同期加算して SN 比を改善する，近傍の点との平均をとってデータを平滑化する，などアナログのオシロスコープに比べてより多彩な処理が可能となる．

波形に関するデータはメモリに保存されており変化しないためより精密な観測あるいは波形の特徴パラメータの計測も可能である．また交流周期信号ではなく 1 回しか起きない信号を記録し観測できる点も特徴である．このように信号処理が多彩で高度な機能を実現できるディジタルオシロスコープが現在の波形計測の主流であり，近年においては操作や波形の表示に PC を使用したものもある．

〔2〕**トリガ**

トリガとは引き金であり，何らかの開始を意味する．アナログオシロスコープにおいてトリガは波形の取得を開始する時間である．ディジタルオシロスコープでは波形データのメモリを更新する時間点と言った方が正しいかもしれない．それはトリガより前の時間の波形データも取得できるためである．

トリガ以前のデータも取得できる理由を説明する前にトリガのかけ方について説明する．トリガのかけ方は様々あるが，通常電圧値で判断される．一例をあげ

るとメモリに記憶された電圧値がトリガとして設定した電圧値を上回るとトリガがかかる．いわゆる立ち上がりで判断する方法である．トリガがかかると図10・3で示した取込コントローラによってメモリが更新される．

続いてトリガより前の時間の波形データを取得できる理由について説明する．図10・3に示すように，**A/D変換器**によってメモリに常時に記憶される．正確にはメモリが二つあり，一つは以前にトリガが発生したときよりも時間が前の値（**プレトリガ**）が保持されている．もう一つのメモリに常時データ（**ポストトリガ**）が記憶される．トリガがかかることでプレトリガ用のメモリが更新される．つまりポストトリガ用のメモリからプレトリガ用のメモリに格納される．これらの関係を交流波形のデータ取得を例にとり**図10・4**に示す．これによりトリガがかかった時間を0秒とし，それよりも前の時間および後の時間の波形データが全メモリに記憶され，ディスプレイに表示される．

またトリガにより，ディスプレイ上では毎回同じ交流波形が取得できる．このことはちょうど手を一定の間隔で叩くとき，パンと音が鳴った時に毎回写真を撮るイメージに似ており，こうすれば同じ写真が撮れるはずである．これにより交流波形観測ができる．逆を言えば，トリガとして設定した電圧値が定まっていなければ毎回違う波形が表示され，波形が流れてしまい，波形の観測ができない．そういった意味でトリガはオシロスコープにおいて非常に重要な役割を果たす．

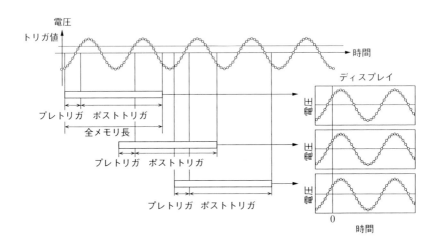

図10・4 ディジタルオシロスコープのトリガを用いて取得される交流波形

〔3〕トリガによる絶対位相の確定

前項では,トリガとして設定した電圧値を定めることで,毎回同じ波形が表示されることを述べた.これにより,表示されている波形を式(10・1)に当てはめることができる.つまり式(10・1)の振幅 V_0,角周波数 ω および位相 θ の全てを測定することができる.特にトリガを用いることでトリガ時間点を $t=0$ と定めることができるため,位相 θ を確定できる.式(10・1)の位相 $\theta=0$ としたときの波形を基準としたとき,図10・5に示すように,周期 T と基準波形からの時間差 Δt を用いることで位相は

$$\theta = 360° \times \frac{\Delta t}{T} \tag{10・2}$$

と確定することができる.ディジタルオシロスコープによる時間域測定では,この位相を測定できることが最大の利点である.11章にて解説するスペクトル解析ではこの位相の情報が欠落することに注意されたい.

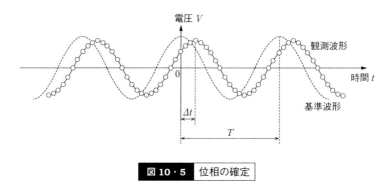

図10・5 位相の確定

〔4〕二つの信号位相差測定

オシロスコープは通常,入力の信号と出力の信号を測定するために用いられる.そのため,最低二つの波形を観測できる機能を有する.トリガは入力信号にかけることが多い.トリガをかけたとき,周期が同じ信号であれば,2現象の波形を同時に測定することができる.任意の周波数信号を入力したときに入出力の位相差を測定することを考える.図10・6に示すように,前項図10・5と同様の考え方で測定することができる.二つの信号の周期 T およびその時間差 Δt を用いると,その位相差 ϕ は式(10・2)と同様に

10章　信号選択技術（2）

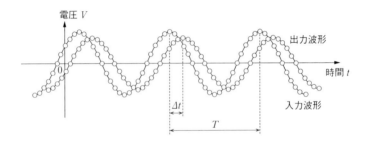

図10・6 2現象観測による位相差の計測

$$\phi = 360° \times \frac{\Delta t}{T} \tag{10・3}$$

となる．得られた位相差が，周波数が変化したときどのように変化するか，位相差の周波数特性を調べることは入出力の関係を知るうえで非常に重要である．そのため，本測定はその概形を知ることにおいて有効である．

10・3 ディジタル値による交流波形の信号処理

10・2節までは理想的な信号波形の計測について述べた．実際の計測においては信号はノイズの影響を受け，波形が見づらくなる．本節ではディジタル値を用いた波形データの信号処理により，目的の信号を抽出する方法について述べる．

〔1〕同期加算によるノイズ除去

本項では**同期加算**と呼ばれる方法により，周期性のない信号とは無関係であるノイズを除去する方法について述べる．10・2節の〔2〕項「トリガ」においてメモリと表示について述べた．周期性のある信号であれば毎回同じ時間にトリガをかけることができる．表示される信号を加算することで，**図10・7**のようにノイズを含む信号から周期性を持つ信号成分を増強して抽出することができる．これはトリガにより位相が揃うためである．周期性を持たないノイズは加算しても位相が揃わないため増強されない．これによりノイズをある程度除去することができる．

10・3 ディジタル値による交流波形の信号処理

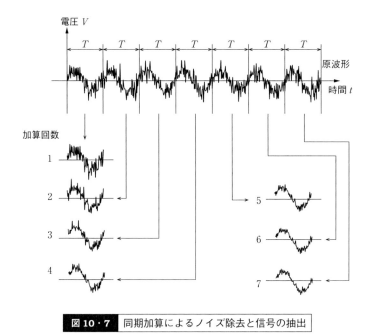

図10・7 同期加算によるノイズ除去と信号の抽出

〔2〕**移動平均によるデータの平滑化**

時間領域表現において信号とノイズに差異があれば,それを利用して両者を分離できる.計測対象に短い時間間隔における変動がないにもかかわらず観測された波形が不規則な短時間変動を含む場合にそれを除く.すなわち,観測データの**移動平均**をとる.

信号はサンプリング時間間隔 Δt で離散化され,n 個の離散的な時系列データを得たとする.単純移動平均は i 番目のデータ $V(i\Delta t)$ に対して i 番目と隣り合う $i+1, i+2, \cdots, i+m$ 番目および $i-1, i-2, \cdots, i-m$ 番目のデータの平均である.計 $2m+1$ 個の離散値平均であり,これによりノイズを軽減することができる.$i+j$ 番目のデータを $V((i+j)\Delta t)$ とするとその単純移動平均 $V_{MA}(i\Delta t)$ は,

$$V_{MA}(i\Delta t) = \frac{1}{2m+1} \sum_{j=-m}^{m} V((i+j)\Delta t)$$

$$j = -m, -m+1, \cdots, -1, 0, 1, \cdots, m-1, m \tag{10・4}$$

10章 信号選択技術（2）

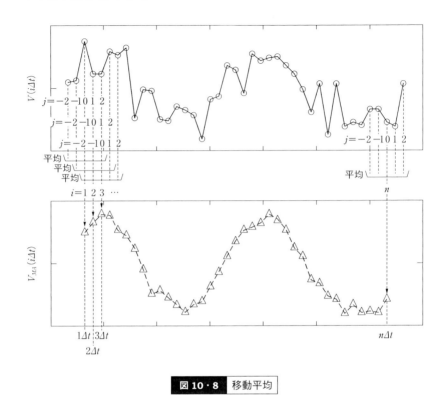

図 10・8 移動平均

と表現できる．簡単な例としてノイズが混じった波形について $m=2$ で単純移動平均をとり，ノイズの影響を軽減した様子を図 10・8 に示す．

m を大きくとれば信号の変化分まで平均化されてしまい，信号が本来持っている情報が失われるので注意が必要である．

〔3〕自己相関による周期性の抽出

ノイズの影響により周期が見づらい信号に対して，**自己相関関数**を用いてその周期を抽出する手法について述べる．自己相関関数は時間で変化する信号を表す時間関数 $V(t)$ が，時間 τ だけずらした時の時間関数 $V(t+\tau)$ とどれだけ似ているか，すなわち相関があるかを示した関数であり

$$R(\tau) = \lim_{T \to \infty} \int_0^T V(t) \cdot V(t+\tau) dt \tag{10・5}$$

10・3 ディジタル値による交流波形の信号処理

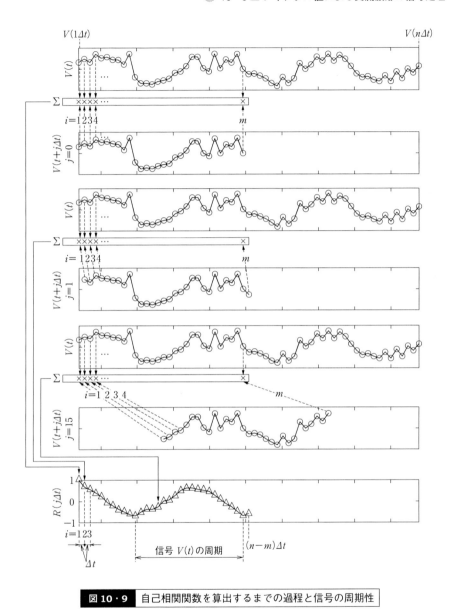

図 10・9 自己相関関数を算出するまでの過程と信号の周期性

と表現される.信号はサンプリング時間間隔 Δt で離散化され,n 個の時系列データ $V(1\Delta t), V(2\Delta t), \cdots, V(n\Delta t)$ を得たとする.i 番目の時刻のデータ $V(i\Delta t)$ に対して j 番だけ後の時刻におけるデータ $V((i+j)\Delta t)$ とすると,その自己相関

関数は

$$R(j\Delta t) = \frac{1}{m\Delta t}\sum_{i=1}^{m} V(i\Delta t)\cdot V((i+j)\Delta t) \tag{10・6}$$

となる．ここで m は自己相関を取る際に使用するデータの個数である．全データ数 n に対して，相関に使用するデータ m は必ず $n \geq 2m$ である必要がある．簡単な例として，ノイズが混じり周期が見づらい信号に対して，自己相関関数により周期性を見つけ出した様子を図 10・9 に示す．

1 トリガはディジタルオシロスコープにとってどのような役割を果たすか説明せよ．

2 ある回路に周波数 1.00 kHz の正弦信号を入力して出力電圧を観測した．入力波形に対する出力波形の時間差を測定したところ，200 μs の遅れであった．位相差を求めよ．

3 同期加算や移動平均によってノイズが除去できる理由を述べよ．

4 自己相関関数によって周期性を確認する過程について説明せよ．

11章 信号選択技術（3）

　本章では，時間と共に変動する信号の周波数領域における表示および解析手法を学ぶ．スペクトルを理解するために，フーリエ級数の数学的表現およびフーリエ級数係数の計算手法を学ぶ．フーリエ変換とフーリエ逆変換を学び，時間領域と周波数領域の関係を数学的に理解する．また，ノイズを含む信号から，信号だけを取り出す手法について学ぶ．

11·1 周波数領域測定

　信号が時間と共に変化する時間領域の測定に対して，その信号にどのような周波数成分が含まれているかを計測するのが，**周波数領域測定**である．オシロスコープで縦軸を電圧，横軸を時間にとって信号を計測することが，時間領域測定に相当する．周波数領域測定では，横軸を周波数，縦軸をその周波数成分の大きさやパワーをとって観察することである．時間変動する信号は，周波数の異なる多数の正弦波の集合で表せるため，周波数領域の測定は，信号を調べる手段として重要である．

11·2 スペクトル

　太陽や蛍光灯の光は，白く見えるため白色光と呼ばれ，波長の長い赤から，短い紫までのすべての波長を含んでいる．白色光をプリズムに入射させると，赤・橙・黄・緑・青・藍・紫の順に並んだ光の帯が観察できる．このような光の帯を**スペクトル**と呼んでいる．これは，光の波長ごとの強度分布を観察している．言い換えると，光の振動数（周波数）ごとの成分がスペクトルである．音も同様，どの周波数がどれくらい含まれているかを調べることができる．これもスペクトルである．光や音だけではなく，複雑な信号や情報を周波数成分ごとに分解し，その大きさを並べたものをスペクトルと呼んでいる．**図11·1**（a）に示す信

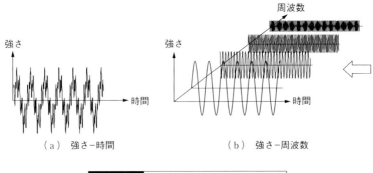

図11・1 信号の時間領域と周波数領域

号のように,我々は音や光の強さを時間的な変化として感じることができる.この信号は,単一の周波数ではなく,様々な周波数で構成された信号である.この信号の周波数成分を把握するためには,図11・1 (b) のように,図11・1 (a) のグラフに周波数の軸を付け足し,周波数ごとの強さに分解する.この時間軸に平行な方向(周波数—強さ面に垂直な方向)から眺めた様子が,この信号のスペクトルである.

11・3 フーリエ級数

時間的に変化する信号を周波数ごとの成分に分解するためには,フーリエ級数を利用する.**フーリエ級数**とは,複雑な周期信号や周期関数を,三角関数の重ね合わせによって表す方法である.いま,関数 $f(x)$ を周期 2π の周期関数とする.関数 $f(x)$ の**フーリエ級数展開**とは,以下のように三角関数の級数によって,関数 $f(x)$ を表すことである.

$$\begin{aligned} f(x) &= \frac{a_0}{2} + a_1 \cos x + b_1 \sin x + a_2 \cos 2x + b_2 \sin 2x \\ &\quad + a_3 \cos 3x + b_3 \sin 3x + \cdots \\ &= \frac{a_0}{2} + \sum_{n=1}^{\infty}(a_n \cos nx + b_n \sin nx) \end{aligned} \quad (11 \cdot 1)$$

ここで,a_n および b_n をフーリエ係数と呼び,次のように与えられる.

$$a_n = \frac{1}{\pi} \int_{-\pi}^{\pi} f(x) \cos nx dx \quad (n = 0, 1, 2, \cdots)$$

$$b_n = \frac{1}{\pi} \int_{-\pi}^{\pi} f(x) \sin nx dx \quad (n = 1, 2, \cdots) \tag{11・2}$$

フーリエ係数は，角周波数 n の関数の振幅に関係しているため，関数 $f(x)$ がどのような周波数成分で構成されているかを示している．したがって，フーリエ係数の大きさは，$f(x)$ のスペクトルに相当する．なお，任意の整数 n に対して，次の関係が利用できる．

$$\sin n\pi = 0 \tag{11・3}$$

$$\cos n\pi = (-1)^n \tag{11・4}$$

例として，次のような周期 2π の矩形波をフーリエ級数に展開してみる．

$$f(x) = \begin{cases} 0 & (-\pi \le x < 0) \\ 1 & (0 \le x < \pi) \end{cases} \tag{11・5}$$

a_0，a_n および b_n は，それぞれ以下のように求まる．

$$a_0 = \frac{1}{\pi} \int_{-\pi}^{\pi} f(x) dx = \frac{1}{\pi} \left(\int_{-\pi}^{0} 0 dx + \int_{0}^{\pi} 1 dx \right) = 1 \tag{11・6}$$

$$a_n = \frac{1}{\pi} \int_{-\pi}^{\pi} f(x) \cos nx dx = \frac{1}{\pi} \int_{0}^{\pi} \cos nx dx = \frac{1}{\pi} \left[\frac{\sin nx}{n} \right]_{0}^{\pi} = 0 \tag{11・7}$$

$$b_n = \frac{1}{\pi} \int_{-\pi}^{\pi} f(x) \sin nx dx = \frac{1}{\pi} \int_{0}^{\pi} \sin nx dx = \frac{1}{\pi} \left[\frac{-\cos nx}{n} \right]_{0}^{\pi} = \frac{1}{\pi} \frac{1 - (-1)^n}{n}$$

$$\tag{11・8}$$

したがって，関数 $f(x)$ のフーリエ級数展開は

$$f(t) = \frac{a_0}{2} + b_1 \sin t + b_3 \sin 3t + b_5 \sin 5t + + \cdots$$

$$= \frac{1}{2} + \frac{2}{\pi} \sin t + \frac{2}{3\pi} \sin 3t + \frac{2}{5\pi} \sin 5t + \cdots \tag{11・9}$$

となる．このフーリエ級数の大きさを n に対して表示したものがスペクトルであり，**図 11・2** のようになる．ここでは，$n = 9$ までプロットした．

式(11・5)の矩形波 $f(x)$ の $x = -\pi$ から π と，そのフーリエ級数展開（$n = 0$ から $n = 5$ まで）の比較を**図 11・3** に示す．n が増すにつれて（部分和の数が増すにつれて），もとの矩形波 $f(x)$ に近づいていくことが分かる．

いま，任意の周期をもつ周期関数のフーリエ級数展開を考える．周期 T の周期関数 $f(t)$ は

11章 信号選択技術（3）

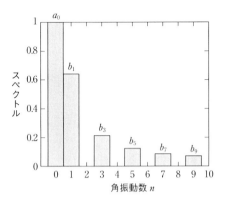

図11・2 フーリエ級数係数（スペクトル）

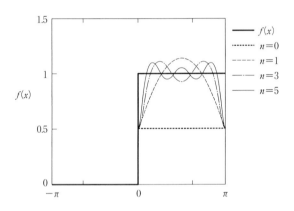

図11・3 関数 $f(x)$ のフーリエ級数展開

$$f(t) = \frac{a_0}{2} + \sum_{n=1}^{\infty}\left(a_n \cos \frac{2\pi n}{T}t + b_n \sin \frac{2\pi n}{T}t\right)$$

$$= \frac{a_0}{2} + \sum_{n=1}^{\infty}(a_n \cos n\omega t + b_n \sin n\omega t) \tag{11・9}$$

と展開することができ，その係数は

$$a_n = \frac{2}{T}\int_0^T f(t)\cos\frac{2\pi n}{T}t\,dt = \frac{2}{T}\int_0^T f(t)\cos n\omega t\,dt \quad (n = 0, 1, 2, \cdots)$$

$$b_n = \frac{2}{T}\int_0^T f(t)\sin\frac{2\pi n}{T}t\,dt = \frac{2}{T}\int_0^T f(t)\sin n\omega t\,dt \quad (n = 1, 2, \cdots)$$

$$(11\cdot10)$$

である．ここでは，角周波数（角振動数）ω を用いた．また，周波数 f および周期 T との関係は

$$\omega = 2\pi f = \frac{2\pi}{T} \tag{11・11}$$

である．

11・4 複素フーリエ級数

周期 2π の関数 $f(x)$ のフーリエ級数を，複素関数を用いた複素形式で表現する．複素形式は，関数の性質を数学的に理解するために有効である．ここでは，次の**オイラーの公式**を用いて簡略化を行う．

$$e^{jx} = \cos x + j\sin x \tag{11・12}$$

ただし，j は虚数単位 $\sqrt{-1}$ である．これより

$$\cos x = \frac{e^{jx} + e^{-jx}}{2}, \quad \sin x = \frac{e^{jx} - e^{-jx}}{2j} \tag{11・13}$$

の関係が成立する．さらには，次の**ド・モアブルの公式**を得ることができる．

$$\cos nx = \frac{e^{jnx} + e^{-jnx}}{2}, \quad \sin nx = \frac{e^{jnx} - e^{-jnx}}{2j} \quad (n = 0, \pm1, \pm2, \cdots)$$

$$(11\cdot14)$$

これを，三角関数によるフーリエ級数展開の式(11・1)および(11・2)に代入すると，**複素フーリエ級数**

$$f(x) = \sum_{n=-\infty}^{\infty} c_n e^{jnx} \tag{11・15}$$

および**複素フーリエ係数**

$$c_n = \frac{1}{2\pi}\int_{-\pi}^{\pi} f(x)e^{-jnx}dx \tag{11・16}$$

を得る．

11 章　信号選択技術（3）

　一方，任意の周期をもつ関数の場合，周期 T の周期関数 $f(t)$ のフーリエ級数展開は

$$f(t) = \sum_{n=-\infty}^{\infty} c_n e^{jn\omega t} \tag{11・17}$$

および

$$c_n = \frac{1}{T} \int_{-T/2}^{T/2} f(t) e^{-jn\omega t} dt \tag{11・18}$$

と表すことができる．

11・5 フーリエ変換

　周期 T の周期関数 $f(t)$ の複素フーリエ係数の式(11・18)を，複素フーリエ級数の式(11・17)に代入すると

$$f(t) = \sum_{n=-\infty}^{\infty} \left[\frac{1}{T} \int_{-T/2}^{T/2} f(t) e^{-jn\omega t} dt \right] e^{jn\omega t} \tag{11・19}$$

となる．

$$n\omega = \omega_n, \quad 2\pi/T = \omega_n - \omega_{n-1} = \Delta\omega \tag{11・20}$$

とすると，式(11・19)は

$$f(t) = \sum_{n=-\infty}^{\infty} \left[\frac{\Delta\omega}{2\pi} \int_{-T/2}^{T/2} f(t) e^{-j\omega_n t} dt \right] e^{j\omega_n t} \tag{11・21}$$

となる．ここで，周期的な変化をする周期関数に対して，周期を持たない非周期関数を考える．手をたたいた時の「パンッ」といった短い音や静電気による極短時間の放電のような関数をイメージすると良い．非周期関数とは，周期関数の周期を無限大の極限としたときの関数と考えることができる．$T \to \infty$ の極限を考えると，$\Delta\omega \to 0$ であるから，級数和を積分と置き換えることができる．したがって，式(11・21)は

$$f(t) = \frac{1}{2\pi} \int_{-\infty}^{\infty} d\omega \left\{ \int_{-\infty}^{\infty} f(t) e^{-j\omega t} dt \right\} e^{j\omega t}$$

$$= \frac{1}{\sqrt{2\pi}} \int_{-\infty}^{\infty} \left\{ \frac{1}{\sqrt{2\pi}} \int_{-\infty}^{\infty} f(t) e^{-j\omega t} dt \right\} e^{j\omega t} d\omega \tag{11・22}$$

と書ける．ここで，式(11・22)のカッコ内を $F(\omega)$ とすると

11・5 フーリエ変換

$$F(\omega) = \frac{1}{\sqrt{2\pi}} \int_{-\infty}^{\infty} f(t) e^{-j\omega t} dt \tag{11・23}$$

および

$$f(t) = \frac{1}{\sqrt{2\pi}} \int_{-\infty}^{\infty} F(\omega) e^{j\omega t} d\omega \tag{11・24}$$

の関係を得る．一般的に，関数 $F(\omega)$ を関数 $f(t)$ のフーリエ変換，$f(t)$ を $F(\omega)$ のフーリエ逆変換という．フーリエ変換は，時間の関数 $f(t)$ を角周波数で表現した関数 $F(\omega)$ に変換しており，反対にフーリエ逆変換では，角周波数の関数 $F(\omega)$ を時間で表現した関数 $f(t)$ に変換している．例として，次の非周期関数である単一矩形波のフーリエ変換を行う．

$$f(t) = \begin{cases} 1 & \left(|t| \leq \dfrac{\pi}{2}\right) \\ 0 & \left(\dfrac{\pi}{2} < |t|\right) \end{cases} \tag{11・25}$$

図 11・4（a）にそのグラフを示す．式(11・23)より，次のような角周波数で表現した関数が得られる．

$$F(\omega) = \frac{1}{\sqrt{2\pi}} \int_{-\infty}^{\infty} f(t) e^{-j\omega t} dt = \frac{1}{\sqrt{2\pi}} \int_{-\pi/2}^{\pi/2} e^{-j\omega t} dt = \frac{1}{\sqrt{2\pi}} \left[\frac{e^{-j\omega t}}{-j\omega} \right]_{-\pi/2}^{\pi/2}$$

$$= \frac{1}{\sqrt{2\pi}} \frac{e^{j\pi\omega/2} - e^{-j\pi\omega/2}}{j\omega} = \sqrt{\frac{2}{\pi}} \frac{\sin(\pi\omega/2)}{\omega} \tag{11・26}$$

これをグラフにしたのが図 11・4（b）である．ここでは，縦軸に $F(\omega)$，横軸に角周波数 ω を取ってある．関数 $f(t)$ のフーリエ変換後の関数 $F(\omega)$ は，どのよ

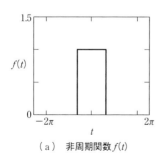
（a）非周期関数 $f(t)$

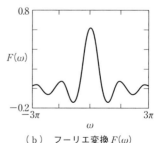
（b）フーリエ変換 $F(\omega)$

図 11・4 フーリエ変換

11章 信号選択技術（3）

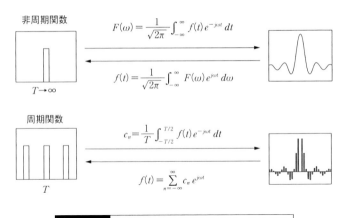

図 11・5 周期関数と非周期関数のフーリエ変換

うな角周波数成分がどの程度含まれているかを表しており，**周波数スペクトル**という．また，式(11・22)の導出の過程では，$T\to\infty$（$\Delta\omega\to 0$）を導入しており，$F(\omega)$はωに対して連続的に存在しているため，非周期関数のスペクトルは，**連続スペクトル**と呼ばれている．

Tが有限な値の周期関数に関するフーリエ変換は，複素フーリエ係数を求めることに等しい．また，フーリエ逆変換を行うのは，周期関数を複素フーリエ級数で表現することに等しい．ただし，スペクトルは，不連続な角周波数$\omega=n\pi/2T$に対応するc_nが存在することになる．そのため，c_nは**離散スペクトル**と呼ばれる．また，その変換を**離散フーリエ変換**という．実際の計測では，信号処理等で離散化されたデジタル信号を扱うため，離散フーリエ変換を行う．周期関数と非周期関数のフーリエ変換およびフーリエ逆変換の対応を図11・5に示す．

11・6 ローパスフィルタ

ローパスフィルタ（低域通過）とは，低い周波数を良く通し，ある周波数より高い周波数の信号を減衰させるフィルタである．図11・6に示すように，信号に含まれる高周波の成分の除去に利用される．低周波である通過帯域のパワーと比較して，1/2となる周波数を遮断周波数（カットオフ周波数）と呼んでい

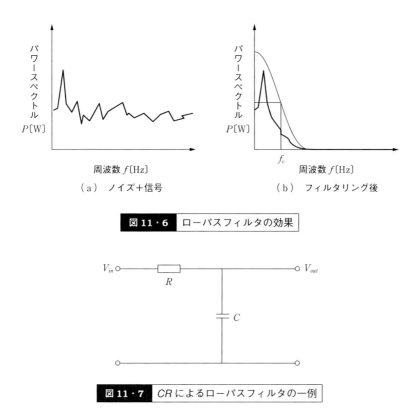

図11・6 ローパスフィルタの効果

図11・7 CRによるローパスフィルタの一例

る．(b)の曲線が特性曲線であり，フィルタの周波数応答を示している．最も単純なローパスフィルタは，図11・7に示すようなコンデンサ C と抵抗 R から成る CR 回路である．このフィルタの遮断周波数は

$$f_c = \frac{1}{2\pi CR} \tag{11・27}$$

である．反対に，高周波の信号だけを通過させるフィルタを，**ハイパスフィルタ**（高域通過）と呼んでいる．

11・7 バンドパスフィルタ

信号の存在する周波数帯域のみ通過させるフィルタを**バンドパスフィルタ**（帯域通過）と呼んでいる．これは，ローパスフィルタとハイパスフィルタを組

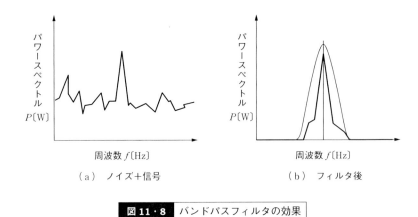

図11·8 バンドパスフィルタの効果

み合わせることで実現できる．一般的に，RLC 回路は，バンドパスフィルタとして動作する．回路の共振周波数は

$$f_r = \frac{1}{2\pi\sqrt{LC}} \tag{11·28}$$

のように表すことができ，この周波数を中心とした信号は通過できるが，それ以外の周波数は除去される．図11·8 にバンドパスフィルタによるノイズ除去のイメージを示す．(b) の曲線はフィルタの特性曲線である．

11·8 ディジタルオシロスコープとスペクトルアナライザ

　電気信号を測定するディジタルオシロスコープとスペクトルアナライザは，各用途に応じて使い分ける必要がある．

　時間と共に変動する信号の，時間領域測定に適している機器が**ディジタルオシロスコープ**である（図11·9 (a)）．入力信号をディジタル変換処理し，縦軸に電圧，横軸に時間を取って表示できる（図11·9 (b)）．また，それらデータをメモリに保持することも可能である．オシロスコープに内蔵された信号解析ソフトによって，さまざまな評価および計測も可能である．たとえば，信号の電圧，周波数，パルス幅および周波数スペクトル表示といった機能がある．また，以前主流であった**アナログオシロスコープ**では計測不可能であった単発現象の波形を画面上に表示することも可能である．一般的にオシロスコープは，幅広い周

11・8 ディジタルオシロスコープとスペクトルアナライザ

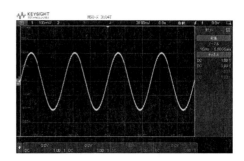

　（a）全体写真　　　　　　　　　　（b）画面拡大写真

図 11・9　ディジタルオシロスコープ（写真提供：キーサイト・テクノロジー）

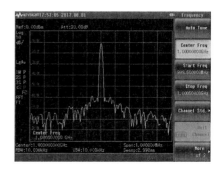

　（a）全体写真　　　　　　　　　　（b）画面拡大写真

図 11・10　スペクトルアナライザ（写真提供：キーサイト・テクノロジー）

波数範囲を測定できる広帯域な計測器である．

　一方，本章で扱ってきた周波数領域における信号の表示および解析では，**スペクトルアナライザ**を用いることが多い（**図 11・10**（a））．図 11・10（b）の画面の拡大写真の通り，縦軸に信号のパワー，横軸に周波数を取って表示できる．スペクトルアナライザは，信号の電力レベルと周波数，高調波，信号のひずみおよび雑音等の測定に適している．また，オシロスコープの周波数スペクトル表示に比べて，スペクトルアナライザは高感度，高分解能かつ低ノイズで測定できる点で優れている．

　例として，様々な信号のディジタルオシロスコープによる時間領域における表

99

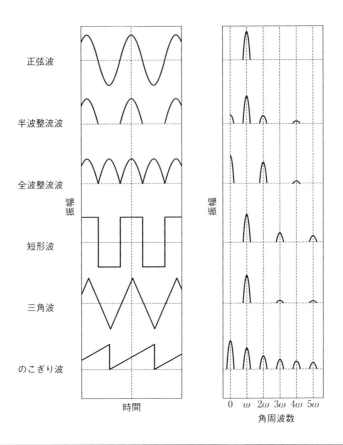

図11・11 時間領域と周波数領域における信号の表現（波形とパワースペクトル）

現と，スペクトルアナライザによる周波数領域における表現を図11・11に示す．それぞれの波形におけるフーリエ級数の求め方は，電気回路理論や電気基礎数学などの参考書を参考されたい．

演習問題

1 $f(t)=t(-2 \leq t<2)$ を $f(t+4)=f(t)$ により周期的に拡張した周期4の周期関数 $f(t)$ をフーリエ級数展開せよ．

2 入力 $A\cos t$ に対して出力が $A|\cos t|$ となる回路を整流回路という．この回路の出力 $f(t)=A|\cos t|$ のスペクトルを求めよ．

3 $f(t)=e^{-at}u(t)(a>0)$ をフーリエ変換せよ．ただし，$u(t)\begin{cases}1 & (t\geq0)\\0 & (t<0)\end{cases}$ とする．

4 $1\,\mathrm{k\Omega}$ の抵抗と $0.1\,\mathrm{\mu F}$ で構成したローパスフィルタの遮断周波数を計算せよ．

12 章 現代の計測技術への誘い —光学計測（1）—

　人類が進化し知的能力が発達するに連れて，光は自然現象の中でも大きな関心事になり，現代では光を利用したさまざまな現象の理解は快適な社会生活を送るうえで必須の役割を果たしている．ここでは，光の基本原理である直進性，干渉，回折，偏光について理解するとともに，それらの現象を利用したさまざまな計測法のうち，長さと表面粗さの計測について概説する．

12・1 光学計測の基礎

〔1〕光学計測の特徴

　人間はさまざまな器官を通して外界から情報を得ている．いわゆる五感であり，古来から，視覚，聴覚，触覚，味覚，嗅覚に分類されている．この五感のなかで，最も使われているのが視覚と言われている．すなわち，人間は物体からの反射光によって外界情報を獲得してさまざまな処理をすることで，身の危険を察知して回避行動したり，あるときは相手を判別して仲間を作って集団行動を進め，生き延びてきた．また，光合成により食物を生産して人類を飢餓から救ってきた．このように，光は人類の進化と生存にとって欠かすことのできない必須のものであった．

　このため，人類が進化して知的能力が発達するにつれて，光とは何か，という本質について，16世紀から20世紀にかけて著名な哲学者や科学者らによってさまざまな実験と論争が続けられてきた．その結果，現在では，光は波であり，粒子であるという光の二重性が，万人が認める描像となっている．しかしながら，光を応用した計測では，干渉，回折，偏光などの現象を利用することがほとんどであるため，光の波動性を考えれば良い．

　したがって，波動性から光を理解しようとするとき，光を電磁波と捉えることができる．電磁波は，電界成分と磁界成分が波動の進行方向に対して直交しなが

ら空間中を伝搬していく．光を定式化するには，電界成分か磁界成分のいずれか に着目すれば良いが，一般に電界成分で表すことが慣習となっている．すなわ ち，光の電界成分は，次式のように表される．

$$E = E_0 \cos(\omega t + \theta) \tag{12・1}$$

ここで，E_0 は振幅，ω は角周波数，θ は位相である．これから，光学計測に利 用する物理量は，振幅（強度），偏光，周波数（波長），位相，パルス性が考えら れる．さらに周波数は，分光，周波数変調，周波数シフトに細分化される．

光学計測の特徴は，以下のことが挙げられる．
1）空間中を伝搬できるので遠隔的で非接触であること
2）振幅を調節できるので，対象物に対して非破壊であること
3）高感度，高精度を期待できること
などである．

〔2〕**計測に利用する光学現象**

光の直進性と波動性の二つを適宜利用することで，光学計測を理解できる．

（a） **直進性の利用**

光波が伝搬する様子を，幅が無限小の光線で記述することでレンズやプリズム 内を伝搬する光を表すことができる．そのために以下の法則が使われる．

①**反射の法則**：図 12・1 に示すように，反射面に入射角 θ_i で入射すると，そ れに等しい反射角 θ_r で反射する．

②**屈折の法則**：図 12・2 に示すように，媒質 1 と 2 の屈折率が n_1 と n_2 の界 面を入射角 θ_1 で入射すると，その界面を通過して n_2 の物質に出射したときの角

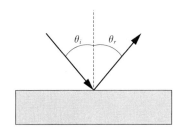

図 12・1　反射の法則

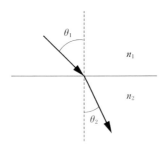

図 12・2 屈折の法則

度 θ_2 は，スネルの法則によって次式で表せる．

$$\frac{\sin \theta_1}{\sin \theta_2} = \frac{n_2}{n_1} \tag{12・2}$$

この式は，界面における入射光と出射光の波の連続性によって求めることができる．

③**全反射**：図12・2において，媒質1，2の屈折率の関係が $n_1 > n_2$ である物質界面に光が入射するとき，入射角を大きくしていくと，スネルの法則によって sin が1以上になり，スネルの法則が成り立たなくなる入射角になる．この角度 θ_{1c} は次式のようになり，

$$\sin \theta_{1c} = \frac{n_2}{n_1} \tag{12・3}$$

この角度のことを**臨界角**という．すなわち，臨界角では屈折光は，界面に平行に伝搬することになる．さらに入射角を大きくすると，媒質2には伝搬せず反射して媒質1に戻る．これが**全反射**で，反射損失がほとんどないことから，視野の明るさを必要とする双眼鏡のプリズムの反射機能に利用されている．

（b）　干渉の利用

一般に複数の波が同時に存在すると，重ね合わせの原理によって同一時間，同一地点における波の振幅は単純加算によって表される．光波も同じ重ね合わせの原理が適用できる．波長が同一の二つの光波の電界成分を以下のように表すと，

$$\begin{aligned}E_1 &= E_0 \cos(\omega t + \theta_1), \\ E_2 &= E_0 \cos(\omega t + \theta_2)\end{aligned} \tag{12・4}$$

光の強度 I は電界成分の和の 2 乗であるから，得られる光強度分布は次式の通りである．

$$I = \overline{(E_1 + E_2)^2} = E_0^2\{1 + \cos(\theta_1 - \theta_2)\} \tag{12・5}$$

この式から，二つの光波の位相成分の差に相当する位相変化によって余弦波状に強度が変化することが分かる．このように二つの光波の重ね合わせ強度がそれらの位相差によって変化することを**干渉**という．また，光束に大きさがある場合には，その垂直面内で縞状のパターンが得られる．これを**干渉縞**という．

(c) 回折の利用

港の沖にある防波堤から岸を見ていると，海から岸に押し寄せる波が，防波堤の内側に回り込んで伝わり，波が岸に打ち寄せる．この波の回り込み現象が，波動の**回折**である．回折現象は，海の波だけでなく波動性を有する光でも観測される．例えば，**図 12・3** は，10 μm のピンホールをレーザで照明したときの遠方のスクリーンで観測された透過光強度パターンである．このような回折パターンを**フラウンホーファー回折**と言う．一方，開口部の近辺における回折を，**フレネル回折**という．

フラウンホーファー回折は，以下のようにして求められる．**図 12・4** のように穴 A が空いた遮光面に垂直に波数 k の平面波が入射したとき，遮光面の後ろ側 $z = L$ の位置に置かれたスクリーン S に形成される電界 $E(x, y)$ は，A の内部から発する波の重ね合わせとして次式のように表される．

図 12・3 ピンホール（10 μm）の回折現象の例

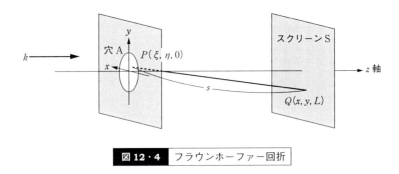

図 12・4　フラウンホーファー回折

$$E(x,y) = E_0 \frac{e^{jks_0}}{s_0} \iint a(\xi,\eta) e^{jk(x\xi+y\eta)/s_0} d\xi d\eta \tag{12・6}$$

ここで，開口部 A 内の点 $P(\xi,\eta,0)$ とスクリーン上の点 $Q(x,y,L)$ との距離 s は，

$$s = \sqrt{L^2 + (x-\xi)^2 + (y-\eta)^2} \approx s_0 + \frac{x\xi}{s_0} + \frac{y\eta}{s_0} \tag{12・7}$$

となる．ここで，$s_0 = \sqrt{L^2 + x^2 + y^2}$ であり，A の大きさに比べてスクリーンは十分遠い距離にあるとして ξ, η の 1 次の項までで近似している．また，E_0 は遮光面における電界振幅に比例する定数，$a(\xi,\eta)$ は穴の形を表す関数である．x, y の代わりに式(12・8)のような変数を導入して式(12・7)を書き換えると式(12・9)が得られる．

$$p = \frac{kx}{s_0}, \quad q = \frac{ky}{s_0} \tag{12・8}$$

$$E(p,q) = E_0 \frac{e^{jks_0}}{s_0} \iint a(\xi,\eta) e^{j(p\xi+q\eta)} d\xi d\eta \tag{12・9}$$

式(12・9)は，フラウンホーファー回折における電界 $E(p,q)$ が，穴の形の関数 $a(\xi,\eta)$ の 2 次元フーリエ変換を表していることを意味している．なお，図 12・3 のような回折パターンは，式(12・9)の絶対値の 2 乗に比例する量であることは言うまでもない．

（d）偏光の利用

波動性で表される光は，互いに直交する電界成分と磁界成分が，それらと直交する方向に伝搬する電磁波として表される．このとき，光を迎える方向から見たときの電界成分の光軸に対する振動面の状態を**偏光**と言う．偏光の種類には，

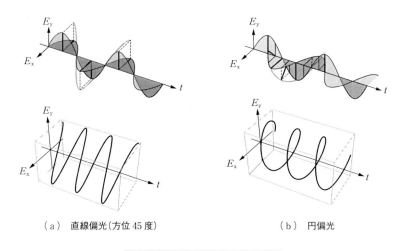

(a) 直線偏光(方位45度)　　　(b) 円偏光

図12・5　さまざまな偏光状態

　図12・5のように,水平成分と垂直成分が同相で振動面の方位が位置にかかわらず一定の**直線偏光**,および,直交成分に任意の位相差があって,伝搬位置に応じて振動面が回転して行く**楕円偏光**がある.特に,それらの位相差が90度の直交成分による楕円偏光を**円偏光**と言う.

　直線偏光を作るには,吸収特性が偏光振動面によって異なる二色性直線偏光子や,屈折率が偏光方位によって異なる複屈折をもつプリズム型直線偏光子が用いられる.一方,円偏光に変換する光学素子は,直線偏光子と4分の1波長板の組み合わせで得られる.

12・2 光学計測の実際

〔1〕長さ・変位計測

　1 m の長さが光速度によって定義され,その2次標準として安定化レーザが使われていることから,光による長さ・変位計測が,高精度で再現性の高いものとなっていることが理解できる.ここでは,高精度な長さの計測法として,干渉測長法と光が直進する性質を利用した光強度の時間変調法について述べる.

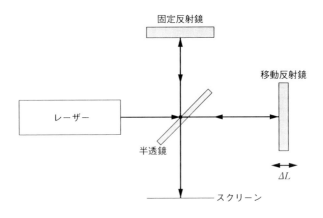

図 12・6 マイケルソン干渉計による縞計数法

（a） 縞計数法

図12・6に示したマイケルソン干渉計で，二つの反射鏡のうち一つを固定し他の反射鏡を光軸方向に移動させて光路長差を変えると，式(12・5)から干渉縞は正弦波状に明暗を繰り返す．この明暗の1サイクルが光源波長に相当するので，光検出器によって干渉縞の周期的変化を検出して計数すれば，反射鏡の移動量 ΔL を下記の式に従って求められる．

$$\Delta L = \frac{\lambda}{2} N \tag{12・10}$$

ここで N は干渉縞の計数値，λ は光源波長で，1/2 の係数があるのは二つの干渉光路を光が往復しているためである．この方法は，光源波長の2分の1を単位として反射鏡移動量を計数できるが，さらに精度を上げるために測定単位を小さくするには，コーナーキューブプリズムを利用して測定光路の折り返し数を増やせば良い．

なお，実際の測定においては，測定中に反射鏡の移動方向が変わることも考えられるので，移動方向を知る仕組みが必要である．例えば，互いに位相が90度異なる二つの干渉縞をつくって検出信号をディジタル処理することで，反射鏡の移動方向を判定できる．

（b） 光ヘテロダイン干渉法[1]

縞計数法は，測定光路の折り返し数を増やせば，測定変位感度を増大することができるが，光学系が複雑で光学調整が煩雑になり，計測装置の大型化にもつながる．そこで，光路の折り返しをせずに変位感度を大幅に向上できる方法として，**光ヘテロダイン干渉法**がある．この方法は，干渉位相を周波数が数百 kHz の交流信号の位相に変換して，位相測定精度を大幅に向上させる計測法である．そのために，二つの干渉光路を伝搬する光の周波数がわずかにシフトした光源を使う必要がある．たとえば，ゼーマンレーザ，音響光学変調素子，半導体レーザの電流変調などである．ここでは，**ゼーマンレーザ**による光ヘテロダイン干渉法について述べる．

内部鏡型 He-Ne レーザに外部から磁場を加えると，ゼーマン効果によりレーザ発振周波数が数百 kHz から数 MHz だけ周波数シフトする．それぞれの成分の偏光状態は，磁場を加える方向で異なるが，光軸に対して直角に加えた場合には，磁場方向とそれに直交する直線偏光となる．図 12・7 のように，この光源をマイケルソン干渉計に入射させると，偏光ビームスプリッター（PBS）で直交直線偏光は分離されて，それぞれ光路 1 と 2 に進むことになる．それぞれの光路長を L_1，L_2，直交偏光成分の周波数および波長を f_1，f_2 および λ_1，λ_2 とすると，電界成分は次式のように表せられる．

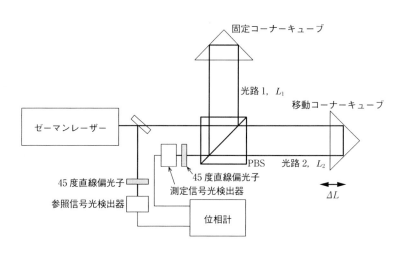

図 12・7 ゼーマンレーザを用いた光ヘテロダイン干渉計による変位計測

$$E_1 = E_0 \cos\left\{2\pi\left(f_1 t + \frac{L_1}{\lambda_1}\right)\right\} \tag{12・11}$$

$$E_2 = E_0 \cos\left\{2\pi\left(f_2 t + \frac{L_2}{\lambda_2}\right)\right\} \tag{12・12}$$

干渉縞の強度 I は

$$
\begin{aligned}
I &= E_0{}^2\left[1 + \cos 2\pi\left\{(f_1 - f_2)t + \left(\frac{L_1}{\lambda_1} - \frac{L_2}{\lambda_2}\right)\right\}\right] \\
&= E_0{}^2\left[1 + \cos 2\pi\left\{(f_1 - f_2)t + \frac{(L_1 - L_2)}{\lambda_1} + L_2\left(\frac{1}{\lambda_1} - \frac{1}{\lambda_2}\right)\right\}\right]
\end{aligned}
\tag{12・13}
$$

となる．この式から 2 成分の周波数差 $f_1 - f_2$ の信号が得られることが分かる．これは周波数が異なる音が同時に発生する時に見られるうなり（ビート）現象と同じであり，**光ビート信号**と言われる．式(12・13)から光ビート信号の位相は光路長差 $\Delta L = L_1 - L_2$ に比例する第 2 項と，光ビート周波数の波長で決まる第 3 項からなる．ビート周波数は数百 kHz 程度であるからその波長は数百 m となり，第 3 項の位相変化は通常の測定領域ではほぼ一定である．したがって，干渉計の光路長差 ΔL を知るには，光ビート信号の位相を測定すれば良いことが分かる．交流信号の位相測定は，電気位相計で高精度に測定できるので，高精度な光路長差測定を期待できる．電気位相計の参照信号としては，図 12・7 に示すように，レーザ光が干渉計に入射する前にビームスプリッターで分離して，45°の直線偏光子を通して光電検出すれば得られる．

（c）　光パルス法

前項の干渉法は，光源波長を測定単位として，長さあるいは変位を測定するため高精度測定が期待できるが，測定できる最大長はせいぜいメートルオーダーである．このため例えば工事現場における測量などの 100 m を超える測長には，干渉法ではなく光が空間中を伝搬する時間，あるいは時間遅れを位相シフト量に変換する方法が使われている．前者が光パルス法，後者が光強度変調法である．

光パルス法は，図 12・8 に示すように光源から時間幅の狭いパルス波を発射して光源の直後に抜き出された信号を基準として，対象物体から反射されて戻ってきた検出信号の遅れ時間 Δt から対象物体間での距離 L を測定できる．大気中の屈折率 n が光路中で一様として，

$$L = c\Delta t / 2n \tag{12・14}$$

となる．ここで，c は真空中の光速度である．光源としては YAG レーザなどの

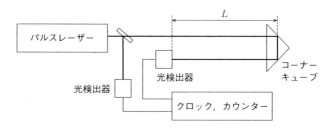

図 12・8 光パルス法による長距離計測

大出力固体レーザを利用すれば，図 12・8 のような反射鏡を使わなくても対象物体表面の散乱光を検出すれば，距離測定ができる．また，この原理を利用した超遠距離計測法に，月や人工衛星までの距離測定が実用化されている．特に月との距離は，1969 年以降，三度の月探査（アポロ計画）の際に人類が初めて地球外天体に設置したコーナーキューブ反射鏡パネルを使い，精密な測定が現在でも継続的に行われている．

（d） 光強度変調法

前述のパルス法の距離分解能を上げるためには，パルス幅をできるだけ短くする必要があり，その結果装置コストの上昇を招く．このため，短い距離を高精度に測定する方法として，光波を正弦的に強度変調してその伝搬に伴う時間遅れを正弦波の位相遅れに変換する**光強度変調法**がある．原理を**図 12・9** に示す．

光源強度を外部変調器や電流変調によって周波数 f で変調すると，変調信号の波長 Λ は，大気の屈折率を n として次のようになる．

$$\Lambda = \frac{c}{nf} \tag{12・15}$$

光源から物体までの距離を L とし，光源直後に抜き出された光によって得られる正弦波信号を基準として，反射光を検出した強度信号の位相遅れを ϕ とすると，L は次のように求められる．

$$L = \frac{N + \phi/2\pi}{2}\Lambda \tag{12・16}$$

ここで，N は整数で，基準信号用光検出器と反射物体との往復光路に存在する変調波の数である．位相遅れ ϕ は，図 12・9 のように，光源出射直後の基準信号

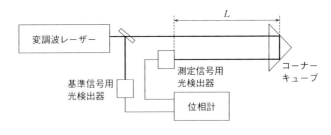

図 12・9 光強度変調法による距離計測

に対する測定信号の位相を電気位相計で高精度に計測できるので，N を求めることができれば，絶対距離を計測できる．

N を求めるには，異なる変調周波数を用いた合致法により，二つの遅れ位相から算出できる．たとえば，Λ_1 と Λ_2 の二つの波長の変調波を使うとき，$\Lambda_2 > 2L$ であるようにすると，それぞれの波長による位相遅れの測定値を ϕ_1, ϕ_2 として

$$L = \frac{N + \phi_1/2\pi}{2} \Lambda_1 \qquad (12\cdot 17)$$

$$L = \frac{\phi_2/2\pi}{2} \Lambda_2 \qquad (12\cdot 18)$$

となるので，N は次式のようになる．

$$N = \frac{1}{2\pi}\left(\frac{\Lambda_1}{\Lambda_2}\phi_2 - \phi_1\right) \qquad (12\cdot 19)$$

強度変調法は，半導体レーザを光源とすれば，注入電流の変調によって強度変調が可能で低コストであるため，測量機器や電波望遠鏡などの大型構造物の長さ計測などに広く利用されている．

〔2〕 表面粗さ計測[2]

ダイヤモンド研削のような，表面粗さがナノメートルオーダーの超精密加工が実現し，その加工表面粗さの評価技術もナノメートルオーダーの測定精度が要求されている．これに対して，加工表面評価法として従来より触針式の表面粗さ計が使われてきたが，接触式であるため，測定によって加工表面を傷つける可能性

が高まっている．そこで，非接触な表面粗さ計測法として光を用いた手法が実用化されている．

(a) 非点収差法

非点収差は，レンズ中心を含む縦断面と横断面で異なる焦点距離を持つことによる収差である．**図 12・10** (a) のように，凸レンズとシリンドリカルレンズを組み合わせることでBにおける点像を結像すると，シリンドリカルレンズの右側の観測面で縦長，円形，横長の像が結ばれる．逆に点像の位置が光軸上でA, B, Cと変化しても観測面の固定点で同様な変化を観測できる．したがって，その固定点に図 12・10 (b) のような検出領域が4つに分割された4分割光検出器を置いて，それぞれの検出器からの出力信号を I_1, I_2, I_3, I_4 として次式のような演算をすれば，その出力信号は，図 12・10 (c) のように点像の位置Zに対して原点付近では直線的に変化する信号が得られる．

$$V = \frac{(I_2 + I_3) - (I_1 + I_4)}{I_1 + I_2 + I_3 + I_4} \tag{12・20}$$

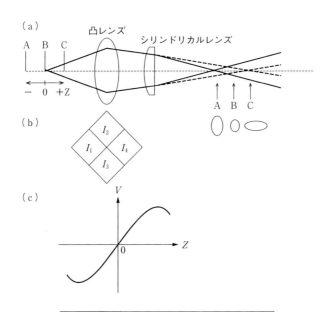

図 12・10 非点収差法による表面粗さ計測

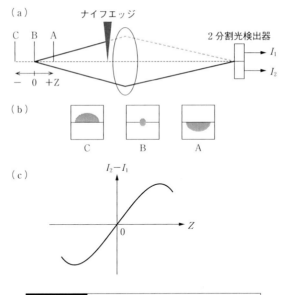

図 12・11 ナイフエッジ法による表面粗さ計測

（b） ナイフエッジ法

図 12・11 のように先端エッジの鋭いナイフで対物レンズの半分の領域を遮り，焦点ずれによって像の形状が非対称になることを利用する方法である．図 12・11 (a) の点像の光軸における位置を A，B，C と変えると，結像面におかれた 2 分割検出器上では図 12・11 (b) のように像が変化する．検出器出力の差分 $I_2 - I_1$ を求めると，図 12・11 (c) のように，点像の位置変化 z に対して原点付近で直線状に変化する出力信号が得られる．

（c） 光ヘテロダイン法

前項の光ヘテロダイン法の高感度変位特性を表面粗さ計測に利用できる．図 12・12 は，その原理を示している．

周波数がわずかに異なり，直交直線偏光の二成分からなるレーザビームをウォラストンプリズムに入射させると，水平および垂直直線偏光成分に分離される．一つの偏光成分の光束 Br がプリズムを出射して被測定体の回転中心に入射して反射する．もう一方の光束 Bm は，回転テーブルに搭載された測定試料の同心円上の表面で反射され，再びウォラストンプリズムにもどり，回転中心で反射し

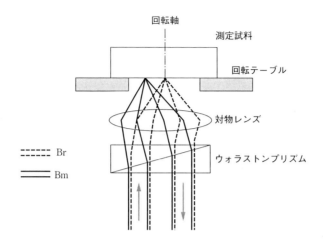

図12・12 光ヘテロダイン法による表面粗さ計測

た成分 Br と同一ビーム上に重ね合わせられる．ウォラストンプリズムからの出射光を 45 度直線偏光子に通して得られた干渉ビート信号と基準信号とを位相比較することで，測定試料表面の回転中心を基準とする同心円上の表面粗さを測定できる．この光学系の特徴は，回転中心である基準点が同心円状の測定点と同様に測定試料表面にあるため，外部振動をキャンセルできるので，高精度にも関わらず安定した測定が可能であることである．

演習問題

1 屈折率の異なる界面におけるスネルの法則を，伝搬する波面の連続性によって導出せよ．

2 屈折率が 1.52 のガラス（BK7）の臨界角を求めよ．

3 光ヘテロダイン干渉計において，光源波長を 633 nm とするとき，電気位相計で得られる位相分解能を 0.1° とするとき，最小検出変位量 ΔL_m はいくらか．

12 章　現代の計測技術への誘い―光学計測（1）― ○―

4　地球と月の距離を 384 400 km とするとき，光パルスを月に向けて発射したとき，何秒後に反射パルスが戻ってくるか．

13章 現代の計測技術への誘い —光学計測（2）—

　細胞や微小物体を拡大して観測するには，光学顕微鏡が使われる．しかしながら光の回折限界により見ることのできる最小サイズは，光源波長程度に制限される．そこで，100 nm 以下の構造を観測できる近接場光学顕微鏡が開発されている．本章では，その原理，構成，観察例を紹介する．

13·1 光学顕微鏡の分解能

　人間の五感には，視覚，味覚，嗅覚，触覚，聴覚があり，これらを通して外界の情報を取得している．この五感の内，視覚からの情報量は，80% を超えるとも言われ，重要な感覚器官である．人間は科学の発展を通して，人間が持つ視覚能力を超える情報を得ることに成功しており，光学顕微鏡も重要な装置の一つである．裸眼では識別できない微小な物体を拡大することで，人類は病原体を突き止めたり，物の構造の知識を得たりしてきた．

　しかしながら，従来の光学顕微鏡で観測できる物体のサイズは，対物レンズの集束スポットサイズで決定される．そのスポットサイズ δ は光波の回折現象で決まり，これを**回折限界**と言い，次式で表される．

$$\delta = 0.61\frac{\lambda}{NA} \tag{13·1}$$

ここで，NA は対物レンズの開口数，λ は光源波長である．これから，対物レンズの性能によるが，分解能はおおよそ光源波長程度であることが分かる．しかしながら，ナノテクノロジーの進歩とともに 100 nm 以下の観測分解能が要求されており，これを実現するため，光を用いて光波の回折限界を超える新しい顕微鏡の一つとして**近接場光学顕微鏡**（Scanning Near-field Optical Microscope：SNOM）が開発されている．これは，光ファイバーを鋭く尖らせたプローブを観測試料表面に極限まで近づけて，その表面をなぞりながら試料からの光をプローブで集めたり，逆に試料をプローブで照明して観測像を得る顕微鏡である．

13·2 近接場光学顕微鏡の基本構成[1]

近接場光学顕微鏡（SNOM）は図13·1に示すように，大きく分けて次のような各部から構成されている．

1) プローブ
2) 微動・粗動機構部
3) 制御電子回路
4) 制御・画像処理表示部
5) 防振装置

プローブは光を用いて試料との相互作用を検出する構成要素であり，SNOMの試料面内分解能を決定する重要な役割を果たしている．プローブと試料の相対関係により次節で述べる4つの観測モードがある．プローブを3次元空間内でナノメートルからマイクロメートルオーダーの観測範囲で移動走査させるために，**微動走査機構**が使われる．おもにチタン酸ジルコン酸鉛（PZT）圧電素子を組み合わせたり，円筒状のPZT圧電素子（チューブスキャナー）が使われる．ま

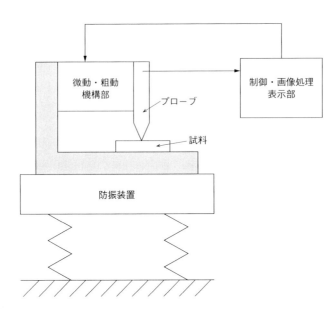

図13·1 近接場光学顕微鏡（SNOM）の基本構成

た, プローブと試料の間隔を局所物理量が検出できる距離まで接近させるために, 微動機構と組みあわせた粗動機構を利用することが多い.

一方, プローブによって検出あるいは射出された光は電気信号に変換され, 制御回路を通してプローブと試料間距離を一定に制御するために, 微動機構のうち試料面に垂直方向に移動できる z 軸微動機構に負帰還される. また, 制御回路の出力である制御信号は, プローブ–試料間距離の情報として画像処理・表示部に取り込まれ, 微動機構によってラスター走査されて得られる試料面内位置情報と組み合わせて, 試料の表面形状を表す3次元数値データ群が得られる. これらの数値情報は, 必要に応じてコンピュータによってさまざまな画像処理法が施されて, 最終的に画像化される.

この他, SNOM がナノメートルオーダーの寸法での事象を扱うため, 外来ノイズ, 特に床からの振動に SNOM の性能が影響される. そのため床振動を遮断する防振装置を用いることによってノイズの少ない観測像が得られる.

13·3 観測モード

SNOM におけるプローブと試料の相互作用によって試料の光学情報を得るための方法を**観測モード**と呼ぶ. SNOM において検出される局所物理量が光であるために, 多様な情報を利用できる. 光の状態を表す物理量として, 強度, 波長 (周波数), 偏光, 位相があり, さらに, やや概念が異なるものの時間パルス性, 非線形光学現象の利用, あるいは蛍光といった手法によって試料の多様な情報を高い空間分解能で獲得できる.

このようにさまざまな光の情報を獲得できる可能性があると言うことは, それだけさまざまな装置構成が考えられると言うことである. 実際, 光の強度を検出する通常の SNOM であってもさまざまな光学配置が提案されている. そのうち主な装置構成を**図 13·2**に示す.

〔1〕照明モード

図 13·2 (a) のように光源からの光を光ファイバー等によってプローブまで導波させてプローブ先端開口から出射する光で試料を照明し, その透過光をレンズで集光させて光検出し, 試料の透過特性分布を求める観測モードを言う. いわ

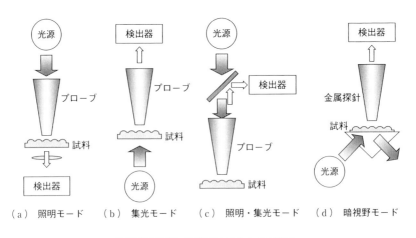

(a) 照明モード　　(b) 集光モード　　(c) 照明・集光モード　　(d) 暗視野モード

図 13・2 近接場光学顕微鏡の構成

ば，プローブ先端を波長よりも小さい微小光源とすることで高解像度を実現させている．

〔2〕集光モード

図 13・2（b）のように照明モードとは逆に試料を光源で照明し，表面近傍に存在する透過近接場光をプローブで散乱させて伝搬光に変換し検出器まで導波させる観測モードである．光検出器の前に微小開口を設け，それを近接場領域で走査させている．

〔3〕照明・集光モード

図 13・2（c）に示す照明モードと集光モードを組み合わせた反射型モードであり，特に不透明な試料に適する．ただし，光がプローブの微小開口を二度だけ通過することになるので，検出信号の信号強度を確保するための工夫が必要である．たとえば，光ファイバープローブを使う場合には，ファイバーへの入力強度に対するプローブ出射光強度の比，いわゆる**スループット**を大きくする，試料面からの反射光を弁別するため同期検出法を用いるなどである．

〔4〕暗視野モード

　暗視野照明モードと呼ばれる配置で，図13・2 (d) のように全反射角で入射させたときに，試料境界面に生じる非伝搬光である**エバネッセント波**をプローブで散乱させて伝搬光に変換させ，高解像観測を可能としている．〔1〕から〔3〕まではプローブに光ファイバー等の誘電体材料，すなわち光学的には透明な材料を用いているのに対し，このモードはプローブに金属材料を用いて，プローブ先端で試料表面の近接場光を散乱させ，その散乱光を集めて光検出することもできる．このモードは比較的先端の鋭いプローブが得られやすいので，高分解能な観測を期待できる．また，プローブ先端での電界増強効果によって，2光子吸収や第2高調波発生等の非線形光学現象を近接場光学に導入できる可能性を持っている．

13・4 プローブ

　プローブは，SNOM の横分解能を決定する重要な構成要素であり，**表13・1**のようにこれまでにさまざまなプローブが提案されている．この中で光ファイバーを用いたプローブは，SNOM が開発され始めた当初から使われている．特に，溶融延伸法はバーナー等を用いて簡単に製作できるため良く使われていた．しかし，形状の制御性が悪く，また，先端曲率半径も 100 nm 程度であるため，その後，生物細胞用ガラス電極を作成するために市販されている**ピペットプラー**が使われることが多くなっている．この装置は CO_2 レーザーを熱源として引張

表 13・1　近接場光学顕微鏡に使われている各種光プローブ

プローブ製作法	特徴	先端開口径，曲率半径等
溶融延伸法	製作が容易で短時間，形状制御はやや困難	50 nm 程度
メニスカスエッチング法	比較的簡単に円錐状のプローブが製作できる	50 nm 程度
選択化学エッチング法	製作が容易，形状制御性に優れ各種の形状の製作が可能	10 nm 以下も可能
金属プローブ	STM 用プローブを利用可能	10 nm 以下
カンチレバー	AFM 用窒化シリコン製カンチレバーの利用，形状が均一，低価格	20 nm 以下

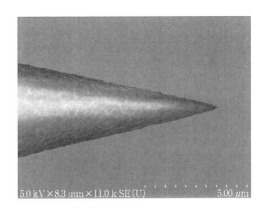

図13・3 保護層エッチングによるプローブの製作例

張力や引張速度，タイミング等をコンピュータ制御することで形状再現性の向上を図っている．

　化学エッチングによる方法にはいくつかの手法が提案されている．簡単なものだと，フッ酸に直接浸漬させてエッチングさせたり，キシレンやブロモデカン等のフッ酸に混和性のない比重の軽い溶液をわずかに浮かせた保護層エッチングで，メニスカスを利用して円錐形状のプローブを作る**メニスカスエッチング法**がある．図13・3に製作例を示す．円錐状の先端の鋭いプローブが得られていることが分かる．

　一方，フッ化アンモニウムとフッ酸によるバッファフッ酸溶液に浸漬させて，選択的に光ファイバーのクラッドとコアのエッチングレートをコントロールして，さまざまな形状のプローブを製作する**選択化学エッチング法**が開発されている．例えば，小クラッド径型，ペンシル型，二重先鋭型，先端平坦型などのプローブが製作されている．選択化学エッチング法は，エッチング溶液の組成比を調節することによって，さまざまな形状にできる制御性に優れ，また，その先端曲率半径も化学反応レベルでの加工であるため，10 nm以下に製作できる特徴がある．光ファイバーを用いたプローブの場合，先端開口を形成するために，一般に金属薄膜がコーティングされる．

　この他に良く使われるプローブとしては，走査型トンネル顕微鏡（STM）などに使われている**金属プローブ**がある．タングステン線や白金イリジウム線を

電解エッチングして，先端径を 50 nm 以下にしている．金属プローブを用いた SNOM はいわゆる暗視野モードで，試料近傍に形成される近接場光を金属先端で散乱させ，伝搬光に変換して高解像特性を得ている．金属プローブと同じように使われているのが，原子間力顕微鏡（AFM）の窒化シリコンカンチレバーである．このカンチレバーは市販されているので手に入りやすいこと，先端曲率も 10 nm 程度で小さいこと，原子間力を検出することで高精度に表面形状を同時に観測できるなどの特徴を持っている．

13・5 試料・プローブ間制御

プローブを試料表面から 10～50 nm の近接場領域に保持するための自動制御機構が必要である．例えば，図 13・2（b）や（d）の光学配置の場合，近接場光は試料表面近傍に局在するので，プローブ先端を近接場領域に接近させて散乱光に変換させることで近接場光の情報を獲得している．その近接場光の試料からの距離依存性は，プローブと試料との間隔に対して指数関数的に変化する．したがって，試料の凹凸変化だけでなく，試料の光吸収の度合いや表面反射率の変化でもプローブ検出光強度が変化するので，試料表面形状と試料の光学特性を区別する必要がある．そのために，つぎのような試料-プローブ間距離を制御する方法が提案されている．

〔1〕 トンネル電流制御

試料-プローブ間の距離の変化に対してトンネル電流が非常に敏感に変化するため，分解能の高い表面形状を得ることができ，また，基本的に非接触であるため試料にダメージを与える可能性は低い．しかし，プローブと試料表面に金属薄膜をコーティングする必要があり，観測できる試料が制限されるのが欠点である．

〔2〕 シアフォース制御

シアフォース制御は，図 13・4 のようにプローブを試料面内に平行に振動させて，プローブ先端と試料表面とのせん断力や摩擦力による振動の減衰を検出することでギャップを制御する方法で，これまでに報告されている SNOM のほと

13章 現代の計測技術への誘い―光学計測（2）

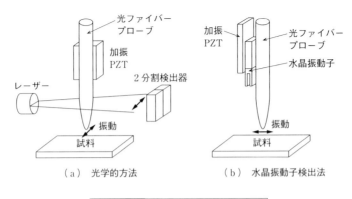

図 13・4 シアフォース検出の原理

んどがこの方法である．プローブの振動検出には，レーザービームをプローブに照射して，その透過光を2分割検出器で検出する方法（図13・4（a））や，腕時計の水晶振動子をプローブに接着し，圧電効果により検出する方法（図13・4（b））などがある．

〔3〕原子間力制御

プローブがカンチレバー状の場合に使うことができ，試料表面とプローブ間に働く垂直方向の引力や斥力を検出して，ギャップ制御する方法である．その他，近接場光強度がギャップ変化に対して指数関数的に変化することを利用したもので，試料表面が平坦な場合には直接光学情報を得ることができる．また，プローブ先端の状態を，観測像からある程度推定できることもメリットである．

13・6 光源と検出器

プローブ-距離制御以外にSNOMを構成するうえで主要な構成要素はいくつかあり，とりわけ，光を物理情報として取り扱う場合の固有の解決すべきポイントがある．それは，光源，SNOMの観測目的に適した光検出器，そして光源やプローブ，光検出器を固定するさまざまな光学部品である．光源にはレーザーがほとんど使われているが，より具体的な種類となると，SNOMの開発の目的や試料の種類，状態等で最適なものを選択すべきである．より一般的には，小型の

半導体レーザーや，取り扱いの簡単な He-Ne レーザーなどがよく使われる．この他にも，Ar レーザー，He-Cd レーザー，あるいは最近ではチタンサファイヤレーザーを使った SNOM も登場している．

SNOM に使われる光検出器は，光源ほどバリエーションはない．というのも検出される光強度が微弱であり，そのため，光電子増倍管やアバランシェフォトダイオードといった高感度な検出器を使わざるを得ないからである．また，検出する波長によって最適な検出器を選択する必要がある．最近では波長 1 ミクロン程度の近赤外領域でも検出できる，高感度な光電子増倍管も実用化されている．

13・7 走査機構

プローブを試料表面の 3 次元空間内で走査するための機構で，電気的に変位制御が可能な **PZT スキャナー**が利用されている．PZT は**ピエゾ素子**とも呼ばれ，鉛，ジルコンおよびチタン酸化物をある割合で配合して焼結したセラミック材料である．分極された PZT の電極に電圧を加えることで変位が生じる逆圧電効果によって印加電圧にほぼ比例した変位を生じる．

しかしながら，加えた電圧に対して 10% 程度のヒステリシスが生じること，一定の電圧を加えたとき，変位量が維持されず時間とともにわずかながら変化するクリープが生じる欠点がある．特に前者は，SNOM の走査機構として使う場合には，画像を歪ませる結果となるので，その低減ないし除去が必要である．一番効果的なのは，**クローズドループ制御法**によるもので，PZT で発生する変位を別の検出器で検出してフィードバック制御により印加電圧を制御する方法や，PZT への投入電荷量（分極値）が変位にほぼ比例することを利用した**分極値制御法**がある．しかし，前者はナノメートル分解のセンサは高価であることと，制御を行うため時間応答性の悪化が欠点である．後者は，交番的な駆動には適しているが，PZT 素子内部の電荷漏洩のために準静的駆動には向かない．

これに対して，**オープンループ制御方法**として，事前に電圧に対する変位を校正しておく方法や，コンデンサを直列に接続して変位感度を低下させ相対的にヒステリシスを減少させる方法がある．

このような PZT を，SNOM の走査機構に利用する場合，試料サイズ（観測視野）あるいはプローブを走査するか試料を走査するかにより，いくつかの形状が

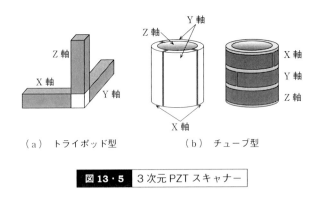

(a) トライポッド型　　(b) チューブ型

図 13・5 3次元 PZT スキャナー

考案されている．図 13・5 (a) のトライポッドといわれる棒状，あるいは積層タイプの PZT 素子を直交するように配置して，その交点にプローブあるいは試料を固定して走査させるタイプや，図 13・5 (b) に示す管状の PZT の表面に取り付けられた電極面を工夫することにより，1本の素子でプローブを3次元空間内で移動できるチューブ型がある．とくに後者は，簡易，小型で共振周波数が高い割に走査変位量が大きいのが特徴である．

13・8 近接場光学顕微鏡による観測例

　SNOM の開発によって，回折限界を越える横分解能が達成されるとともに，ナノテクノロジーの進展に伴い，これまでに開発されたさまざまな試料の分析方法の近接場光学顕微法への適用拡大を図っている．例えば，蛍光分析，フォトルミネッセンス法や赤外分光分析法などが近接場光学顕微鏡に導入され，一定の成果が挙げられている．ここでは，試料の複屈折分布を観測できる**複屈折近接場光学顕微鏡**について紹介する．

　この装置は，試料の複屈折分布を回折限界以下の分解能で観測できる顕微鏡で，偏光情報を画像化することで試料の異方性を可視化することができる．一般に，液晶や高分子の配向状態を観測したり，等方性媒質においても外部応力が加わることで生じる異方性を偏光顕微鏡で観測する方法が行われている．しかし，対物レンズの回折限界のために分解能は波長程度に制限される．特に，液晶や高分子の配向異方性を，ナノメートルサイズで観測できればその波及効果は大き

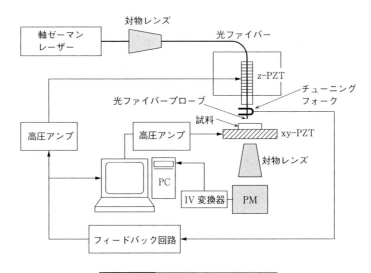

図 13・6 複屈折近接場光学顕微鏡

い．

　このため，近接場光学顕微鏡に，複屈折を測定するための光学系を導入した複屈折近接場光学顕微鏡が開発されている．基本構成は，**図 13・6** に示すように通常の近接場光学顕微鏡と変わらないが，光源に左右円偏光が同時発振する**軸ゼーマンレーザー**を用いている．この光を光ファイバーに入射させて，先鋭化させた他端からの出射光で試料を照明する．試料透過光を 4 分の 1 波長板および直線偏光子を透過させて光電検出し，左右円偏光の周波数差に相当するビート信号を同期検出して，適当な演算をすることにより試料の複屈折を測定する．この顕微鏡を用いてガラス板のナノインデンテーションによる深さ 1 ミクロンの周辺にできる応力分布を観測したり，光磁気ディスク基盤のプレピット部分の応力分布を観測している．

　図 13・7 は，近接場光学顕微鏡による観測像の一例である．材料評価試験の一つとして，硬度や弾性率などの力学量を測定するために，材料表面に三角錐圧子をサブミクロンオーダーの微小深さで押し込むナノインデンテーション硬さ試験がある．これは，ガラス表面の圧痕の観測像で，三角状の圧痕が鮮明に観測されている．

13章 現代の計測技術への誘い—光学計測（2）

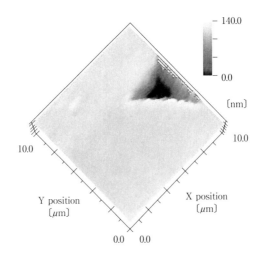

図 13・7 近接場光学顕微鏡による観測像（ナノインデント痕）

演習問題

1 大気中において，開口数 NA が 0.6 の対物レンズを用いて波長が $0.5\,\mu m$ の光を集束させたときの最小スポットサイズを求めよ．また，水中（屈折率＝1.33）においてはどうか．

2 走査型近接場光学顕微鏡と類似の構成をしている顕微鏡がいくつか開発されている．その内の一つについて，プローブ-試料間で検出される物理量，プローブの材料，観測性能，観測試料の制限について調査せよ．

3 SNOM によく使われているプローブ材料に光ファイバーがある．光ファイバーの光伝搬の原理，材料および種類を調査せよ．

4 SNOM において光ファイバープローブと試料間の距離を制御するために，シアフォース（剪断力）検出がよく使われている．プローブ-試料間距離に対するシアフォースに比例したプローブの振動振幅の変化の概形を求めよ．

14章 現代の計測技術への誘い ―電子工学における計測（1）

　現代の情報化社会の基盤をなすものは大小さまざまなコンピュータとこれらを結ぶ通信システムであり，トランジスタ，ダイオード，LSIをはじめとする半導体デバイスは，これらのシステムのおもな構成要素である．半導体デバイスの特性は，それらを構成する半導体材料の物性によって大きな影響を受ける．このため，半導体デバイスを利用する立場においても，半導体材料の電子物性を熟知しておくことは有益である．半導体の属性として重要なものは，バンドギャップエネルギー，電気伝導率，伝導タイプ，キャリア濃度，キャリア移動度等である．本章ではこれらの半導体物性について解説する．

14·1 バンドギャップエネルギー

　半導体のような固体結晶にはそれぞれの材料に特有な**バンドギャップエネルギー**（E_g）が存在する．孤立した原子では，原子核の周りにそれぞれ 1s，2s，2p，…など，周回軌道に対応して孤立したエネルギー準位が形成されている．これらの原子が結晶を形成すると，隣接する原子との距離が小さくなるため，周回軌道どうしが相互作用を起こすことになる．

　隣接する 2 つの原子のみを考えると，相互作用を起こした軌道の電子はパウリの排他律により同じエネルギーをとることができないため，電子はわずかにエネルギーの異なる二つの準位に分布することになる．結晶のように多数の原子が存在する場合，孤立した準位は，多くの近接した準位の集合体，すなわち帯（バンド）を形成する．この結果孤立した原子ではいくつかの孤立したエネルギー準位であったものが，結晶ではこれに対応していくつかのバンドが生じることになる．このようなバンドの配列構造が固体の物性を決定することになる（**図14·1**）．

　半導体や絶縁体では，電子で満たされた最もエネルギーの高いバンドのさらに

14章 現代の計測技術への誘い――電子工学における計測（1）

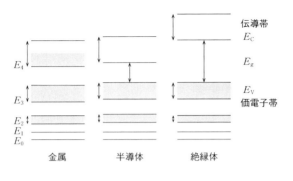

図 14・1 金属，半導体，絶縁体のバンド構造

高エネルギー領域に，空のバンドが存在する．上記の電子で満たされた最も高いエネルギーバンドは**価電子帯**，その上の空のバンドは**伝導帯**と呼ばれる．価電子帯の最上端（E_V）と伝導帯の最下端（E_C）の幅が E_g である．この場合 E_g が比較的高いものが**絶縁体**となる．たとえば Si（$E_g=1.1\,{\rm eV}$），GaN（同 3.4 eV）は半導体であるが，Si_3N_4（5.3 eV），SiO_2（9 eV）は絶縁体である．これに対し金属では，電子の存在する最も高いエネルギーのバンドが，部分的にしか電子で満たされていない．このためバンド内の高いエネルギーを持つ電子はわずかなエネルギーを獲得するだけでバンド内のさらに高いエネルギー準位に励起され，電気伝導に寄与する．

14・2 真性半導体・キャリア濃度

不純物を含まない半導体を**真性半導体**と呼ぶ．このような半導体では絶対零度では電気伝導に寄与するキャリアは存在しない．有限の温度では価電子帯の**電子**の一部が伝導帯に励起され，価電子帯には電子の空孔が発生し，伝導帯には電子が発生する．価電子帯の空孔は電子が取り除かれた空孔であるため，あたかも正の電荷を持つ粒子のようにふるまう．このためこの空孔は**正孔**と呼ばれる．これらのキャリアによって半導体は電気伝導を示す．この場合伝導帯中の電子濃度は，式(14・1)に示すフェルミディラック分布関数によって記述される．

$$f_e(E) = \frac{1}{1 + e^{(E-E_F)/kT}} \approx e^{-(E-E_F)/kT} \tag{14・1}$$

$f_e(E)$ はフェルミ準位が E_F のとき,伝導帯内のエネルギー E における電子の存在確率を示す.ここで k はボルツマン定数,T は絶対温度である.一方正孔の分布関数は電子が抜けた部分の正孔の分布であるから,式(14・2)のように与えられる.

$$f_h(E) = 1 - f(E) = 1 - \frac{1}{1 + e^{(E-E_F)/kT}} = \frac{1}{1 + e^{(E_F-E)/kT}} \approx e^{(E-E_F)/kT} \tag{14・2}$$

式(14・1),(14・2)右辺の近似式は $E - E_F \gg kT$ の場合の近似である.伝導帯の電子濃度,価電子帯の正孔濃度は上記の分布関数と伝導帯,価電子帯の状態密度の積を各バンドについて積分することによって求められる.

$$n = \int_{E_C}^{\infty} D_e(E) f_e(E) dE = N_C e^{-(E_C-E_F)/kT} \tag{14・3}$$

$$p = \int_{-\infty}^{E_V} D_h(E) f_h(E) dE = N_V e^{-(E_F-E_V)/kT} \tag{14・4}$$

n,p はそれぞれ電子濃度,正孔濃度で,ともに熱平衡状態における値である.$D_e(E)$,$D_h(E)$ はそれぞれ伝導帯,価電子帯の状態密度である.また N_C,N_V はそれぞれ伝導帯,価電子帯の有効状態密度と呼ばれ,次のように与えられる.

$$N_C = 2\left(\frac{m_e^* kT}{2\pi\hbar^2}\right)^{3/2} \tag{14・5}$$

$$N_V = 2\left(\frac{m_h^* kT}{2\pi\hbar^2}\right)^{3/2} \tag{14・6}$$

ここで m_e^*,m_h^* はそれぞれ電子,正孔の有効質量,$\hbar$ はプランク定数 h を 2π で除したものである.以上は真性半導体について導いた結果であるが,式(14・3),(14・4)は後で述べる不純物を添加した半導体についても成立する.とくに真性半導体の場合には $n = p$ が成立する.

14・3 不純物の添加

真性半導体は一般に高抵抗である.このため実際に使用される半導体では,伝導帯への電子の供給,価電子帯への正孔の供給などのために不純物を添加する.電子を供給する不純物を**ドナー**,正孔を供給する不純物を**アクセプター**と呼ぶ.

14章 現代の計測技術への誘い―電子工学における計測(1)

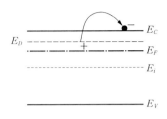

図 14・2 ドナー準位と電子の励起

いまドナー不純物を添加した n 型半導体を考える．たとえば代表的な半導体である Si を例にとれば，Si は 4 価の元素であり，4 本の結合手が正四面体の方向に結合するダイヤモンド構造の結晶を作っている．このような Si 原子の一部を Sb で置換すると，Sb は 5 価の元素であるから電子が 1 個過剰になる．この電子は Sb^+ イオンにゆるく結合していて，わずかなエネルギーが加えられれば Sb^+ の束縛を逃れ，結晶全体を動き回ることができるようになる．

図 14・1 に示したバンド構造を用いて説明すれば，**図 14・2** のように Sb によってバンドギャップ内の E_C に近い部分に電子の束縛状態（ドナー準位 E_D）が生じる．ドナー準位の電子は室温程度の小さなエネルギーで励起され伝導帯に移る．この場合もとの位置にはイオン化したドナーが残る．ドナー準位に電子が存在する確率は式(14・7)によって与えられる．

$$f_e(E_D) = \frac{1}{1 + \frac{1}{g}e^{(E_D - E_F)/kT}} \quad (14\cdot7)$$

式(14・7)で g はドナーの縮重度を示し，Si, GaAs などの半導体では 2 が用いられる．添加したドナー濃度を N_D，イオン化したドナー濃度を N_D^+，電子を束縛しているドナー濃度を N_D^0 とすると，ドナーから伝導帯に供給される電子濃度は $n_D = N_D^+$ であるから式(14・8)のように表される．

$$n_D = N_D^+ = N_D - N_D^0 = N_D\left(1 - \frac{1}{1 + \frac{1}{g}e^{(E_D - E_F)/kT}}\right) = N_D\left(\frac{1}{1 + ge^{-(E_D - E_F)/kT}}\right)$$

$$(14\cdot8)$$

伝導帯の電子濃度 n は式(14・3)で表されるが，これは式(14・8)のドナーの寄与

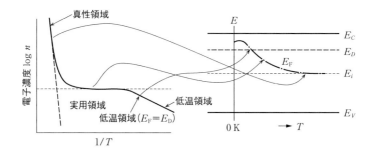

図14・3 n 型半導体における電子濃度とフェルミ準位の温度特性

ばかりでなく価電子帯からの励起成分も含む．したがって伝導帯の全電子濃度は式(14・9)の形になる．式(14・9)右辺第1項は価電子帯，第2項は式(14・8)で与えられるドナー準位からの励起の寄与である．

$$n = N_C e^{-\frac{E_C - E_F}{kT}} = N_V e^{-\frac{E_F - E_V}{kT}} + N_D \left(\frac{1}{1 + 2e^{-(E_D - E_F)/kT}} \right) \quad (14・9)$$

式(14・9)を解析的に解くことは困難だが，いくつかの温度領域に分けて近似すると図14・3の結果が得られる．

実用領域（室温を含む温度領域）では濃度 N_D のドナーを添加すると半導体は負の電荷を持つ電子が主な伝導を担うn型となり，$n \approx N_D$ の安定した電子濃度が得られる．一方濃度 N_A のアクセプターを添加すると $p \approx N_A$ の正孔濃度が得られ，正の電荷を持つ正孔が伝導を担うp型となる．それぞれの場合フェルミ準位とキャリア濃度の関係は式(14・10)，(14・11)のように表される．

$$E_F = E_C - kT\, ln\left(\frac{N_C}{N_D}\right) \approx E_C - kT\, ln\left(\frac{N_C}{n}\right) \quad (14・10)$$

$$E_F = E_V - kT\, ln\left(\frac{N_V}{N_A}\right) \approx E_V + kT\, ln\left(\frac{N_V}{p}\right) \quad (14・11)$$

すなわちキャリア濃度 n, p はフェルミ準位 E_F によって一意的に決定され，n型半導体においては E_F が伝導帯の下端 E_C に近づくほど n は増加し，p型半導体においては E_F が価電子帯の上端 E_V に近づくほど p は増大する．

14 章　現代の計測技術への誘い─電子工学における計測（1）

14·4 電気伝導機構と移動度

　半導体の**電気伝導**は電子，正孔などのキャリアの運動によって生じる．電場 E のもとで電荷 q を持つ電子は $-qE$ の力を受ける．電子の質量を m，速度を v とすると運動方程式は式(14·12)で表される．

$$F = m\frac{dv}{dt} = \hbar\frac{dk}{dt} = -qE \qquad (14\cdot12)$$

$$J_e = -nqv = \frac{nq^2\tau}{m}E = nq\mu E = \sigma E \qquad (14\cdot13)$$

k は波数を表す．散乱がなければ速度 v は時間と共に増加するが，おもに結晶格子との衝突により一定の値になる．衝突の平均時間を τ とすると $v = -qE\tau/m$ となり，これよりオームの法則（式(14·13)）が得られる．ここで J は電流密度，μ は電子の移動度，σ は導電率である．したがって速度 v は電場 E に比例し，比例係数は移動度 μ である．式(14·13)で表される電流は，電場 E によるドリフト電流と呼ばれる．

　半導体中を流れる電流にはこの他に拡散電流成分があり，全電流は式(14·14)，(14·15)に示すようにその和となる．

$$J_e = nq\mu_n E + qD_n\nabla n \qquad (14\cdot14)$$

$$J_p = pq\mu_n E - qD_p\nabla p \qquad (14\cdot15)$$

式(14·14)，(14·15)はそれぞれ電子電流，正孔電流を表したもので，右辺第 1 項はドリフト電流成分，第 2 項は拡散電流成分を示す．**拡散電流成分**は半導体内の電子，正孔などの分布が均一ではなく空間的に疎密がある場合，濃度勾配に比例して流れる電流である．拡散電流成分は pn 接合ダイオード，トランジスタなどの半導体デバイスの動作で主要な役割を持つ．D は**拡散係数**と呼ばれ，単位濃度勾配があるとき，その面に垂直に，単位面積，単位時間あたりに流れる粒子の数を示す．移動度 μ と拡散係数 D は，共に粒子の動きやすさを示すものであり，相互に密接な関係がある．これは式(14·16)に示すようなアインシュタインの関係として知られている．

$$\mu_e = \frac{q}{kT}D_e, \quad \mu_h = \frac{q}{kT}D_h \qquad (14.16)$$

1 真性半導体(不純物を添加していない純粋な半導体)では,半導体内の電子濃度 n は正孔濃度 p と等しい.つまり $n=p$ である.式(14·3),(14·4)を用いて真性半導体におけるフェルミ準位 E_F を求めよ.

2 ひとつの半導体には,荷電粒子(キャリア)として電子(濃度 n)と正孔(濃度 p)が共存している.式(14·3),(14·4)を用いて n と p の積(np)を求めよ.この結果から熱平衡状態における np 積の特徴を述べよ.

3 n 型半導体において,電子濃度 $n=2\times10^{16}/\text{cm}^3$,電子移動度 $\mu_n=300\,\text{cm}^2/V_s$ のとき,導電率 σ および比抵抗 ρ を求めよ.電子の電荷は $q=1.6\times10^{-19}C$ とする.また上の計算より σ が $(\Omega\text{cm})^{-1}$ の次元,つまり ρ が Ωcm の次元を持つことを確認せよ.

4 式(14·14)はドリフト電流と拡散電流を含む電子電流を示している.不均一な電子密度分布を持つ n 型半導体において,熱平衡状態ではドリフト電流と拡散電流が釣り合うことを利用して,アインシュタインの関係を導け.

15章 現代の計測技術への誘い —電子工学における計測（2）

半導体の電子物性測定の中心は電気伝導に関わる諸量の計測であり，式 (14・14), (14・15) に現れるキャリア濃度（電子濃度 n，正孔濃度 p) および移動度 μ である．さらに電子や正孔の有効質量 (m_e^*, m_h^*) も重要な量である．半導体内では電子は結晶格子の周期的なポテンシャルと相互作用をしながら移動するため，電場や磁場に対して静止質量とは異なる質量をもっているようにふるまう．これが有効質量である．式 (14・13) から移動度は $\mu = q\tau/m^*$ であり，有効質量は移動度に大きな影響を与える．本章ではこれらの電気諸量の測定方法について解説する．

15・1 ホール効果の原理と導電率

キャリア濃度を求める最も一般的な方法はホール効果の測定である．**ホール効果**は図 15・1 に示すように半導体の一方向に電流 I を流し，電流に直交する方向に磁場 B_z を印加すると I, B_z の双方に直交する方向に**ローレンツ力** $F_y = q(v_x \cdot B_z)$ が発生する．

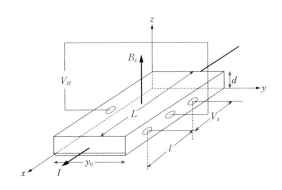

図 15・1 ホール効果の測定原理

ローレンツ力によって電子は y 正方向に力を受け，この結果電流と磁場の双方に垂直な方向に電場（ホール電場）E_y が発生する．この電場によって y 方向への電荷の蓄積が生じるが，このプロセスは電場 E_y がローレンツ力 F_y を打ち消すまで続く．すなわち式(15・1)が成立すると系は定常状態に達し，電子は直進するようになる．ここで $v = J/nq$ であるからホール電場 E_y は J と B_z の積に比例することになる．

$$F_y = q(v \times B) - qE_y = 0 \tag{15・1}$$

比例係数を R_H とすると $E_y = R_H J B_z$ となる．R_H は**ホール係数**と呼ばれ，式(15・2)のように与えられる．

$$R_H = \frac{1}{nq} = -\frac{1}{n|q|} \tag{15・2}$$

このように R_H を求めることによりキャリア濃度を決定することができる．この場合キャリアは電子であるから電荷 q は負である．したがってホール係数は負になる．一方正孔が電気伝導の原因となる p 型半導体においても全く等価な結果が得られ，ホール係数として式(15・3)が得られる．

$$R_H = \frac{1}{pq} \tag{15・3}$$

この場合 q は正となり，ホール係数は正となる．このようにホール係数の符号によって，キャリアタイプの決定が可能である．図 15・1 に示された寸法パラメータを用いると R_H は式(15・4)のように与えられる．

$$R_H = \frac{dV_H}{IB_z} \tag{15・4}$$

電子と正孔の区別はホール電圧 V_H の符号によって決まる．

図 15・1 に示すデバイスを用いて導電率の測定も可能である．電流の方向に沿って l だけ離れた電極に現れる電圧 V_x の測定により，l の両端の電気抵抗 R_x，抵抗率 ρ，導電率 σ は式(15・5)で与えられる．

$$R_x = \frac{V_x}{I} = \frac{l}{S}\rho = \frac{l}{y_0 d}\frac{1}{\sigma} \tag{15・5}$$

ここで S は断面積である．こうして求められた σ と式(15・3)の R_H の積から，移動度 μ を求めることができる．すなわち式(15・6)となる．

$$|R_H \sigma| = \left|\frac{1}{nq}\right| nq\mu = \mu \tag{15・6}$$

上記のホール効果の説明は，電流 I を構成する電子（または正孔）はすべて同じ速度 v を持つとの仮定に基づいている．実際のキャリアは結晶格子，不純物，格子欠陥等との散乱により速度は一定ではない．このため式(15・2)，(15・3)には補正が加えられ，式(15・7)のような形になる．

$$R_H = -\frac{\gamma}{n|q|}, \quad R_H = \frac{\gamma}{pq} \tag{15・7}$$

補正の大きさは散乱機構によって異なり，主な散乱源が結晶格子の場合は $\gamma=1.18$，不純物散乱では $\gamma=1.93$ となるが，半導体が用いられる室温付近では格子散乱が主な散乱機構であるため補正は小さい．このため $\gamma=1$ を用いることが多い．

15・2 ホール効果の具体的測定法

ホール効果を用いて電子濃度，正孔濃度および移動度を決定するため，具体的な測定法として**ホールバー**による方法，および**ファン・デア・パウ法**[1]が用いられている．図 15・2 に示されたホールバーを用いる方法では，幾何学的な対称性のよい構造を準備すれば正確な測定が可能である．一方ファン・デア・パウ法では，サンプルは原理的には任意の形状でよく，試料の周辺に 4 個の電極を用意するのみでよい．このため測定は比較的簡単に実施できる．しかし構造の対称性が低いと測定誤差が増加するため，実際には正方形の試料を準備し，そのコーナー部分に電極を取り付けて測定する場合が多い．

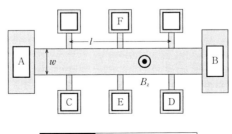

図 15・2　ホールバーの模式図

〔1〕ホールバーを用いた測定

図 15・2 において A, B は電流端子，C〜F は電圧測定のための電極である．ホールバーの幅を w とし，厚さを d とする．このような構造では測定量と求める物理量の関係が単純であること，正確な測定が可能であることなどの利点があり，しばしば用いられる．電極 AB に流れる電流を I_{AB} とすると導電率は次式で表される．

$$\sigma = \frac{I_{AB}}{V_{CD}} \frac{l}{wd} \tag{15・8}$$

一方磁場 B_z を加えた時のホール電場 E_y は次式によって求められる．

$$E_y = \frac{V_{EF}}{w} = \frac{R_H I_{AB} B_z}{wd} \tag{15・9}$$

これらの測定において，図 15・2 のホールバーの寸法精度の問題や電極の不均一性の問題を軽減するため，電流，磁場等の極性を変えて繰り返し測定し，それらの平均値を求める．これよりキャリア濃度は式(15・10)で求められる．

$$n, p = \frac{1}{q|R_H|} = \left| \frac{I_{AB} B_z}{q V_{EF} d} \right| \tag{15・10}$$

さらに式(15・6)，(15・8)，(15・10)により移動度が求められる．

$$\mu_{n,p} = \left| \frac{V_{EF}}{V_{CD}} \frac{l}{wB_z} \right| \tag{15・11}$$

〔2〕ファン・デア・パウ (van der Pauw) 法[1]による測定

ファン・デア・パウ (van der Pauw) 法では，半導体にホールバーのような複雑な加工を加えることなく，任意の形状の試料に 4 個の電極を形成するだけで，測定が可能であるため，実用上広く用いられている．しかし試料の形状が定義されないことから，測定量と物理量の関係は単純ではない．また測定にあたっては，端子接続の切り替えが不可欠である．この方法は原理的には任意の形状を持つ試料での測定が可能であるが，実際には作りやすさや対称性の関係から，図 15・3 に示すように正方形またはそれに近い形状の試料を用い，その四隅に電極を形成したものを用いるのが一般的である．この場合も試料の厚さを d とする．ホールバーを用いる場合と同様，抵抗率または導電率，およびホール効果の測定を行うことによってキャリア濃度と移動度の決定ができる．

抵抗率の測定は，複素関数論における等角写像から，任意の形状を持つ試料に

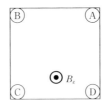

図15・3 ファン・デア・パウ法で用いる試料

対して

$$exp\left(-\frac{\pi R_{AB,CD}}{\rho_s}\right) + exp\left(-\frac{\pi R_{AD,BC}}{\rho_s}\right) = 1 \tag{15・12}$$

が成立する．ここでたとえば$R_{AB,CD}$は，ABに電流を流してCD間で電圧を測定する場合の抵抗値である．すなわち式(15・13)である．

$$R_{AB,CD} = \frac{V_D - V_C}{I_{AB}} \tag{15・13}$$

またρ_sはシート抵抗率を示す．すなわち式(15・14)である．

$$\rho_s = \frac{1}{\sigma d} \tag{15・14}$$

式(15・12)の非線形方程式は解析的には解けないが，次のように表すことができる．

$$\rho_s = \frac{\pi}{\ln 2} \frac{R_{AB,CD} + R_{AD,BC}}{2} f \tag{15・15}$$

ここでfはf値と呼ばれ，試料形状の対称性を表す因子である．試料の測定値とは次式の関係がある．

$$\frac{f}{\ln 2} \cos h^{-1}\left(\frac{1}{2}e^{\ln 2/f}\right) = \frac{R_{AB,CD} - R_{AD,BC}}{R_{AB,CD} + R_{AD,BC}} \tag{15・16}$$

式(15・15)を用いて抵抗率を求めるためには，fを求める必要がある．$R_{AB,CD} = R_{AD,BC}$の場合$f=1$であり，正方形に近い試料を用いれば$f \approx 1$が得られる．この場合，式(15・16)は近似的に式(15・17)のように解ける．f値は非対称性に応じて，図15・4のようなグラフから求めることができる．

$$f \approx 1 - \frac{\ln 2}{2}\left(\frac{R_{AB,CD} - R_{AD,BC}}{R_{AB,CD} + R_{AD,BC}}\right)^2 - \left\{1 - \frac{2}{3}\left(\frac{\ln 2}{2}\right)\right\}\left(\frac{\ln 2}{2}\right)^2\left(\frac{R_{AB,CD} - R_{AD,BC}}{R_{AB,CD} + R_{AD,BC}}\right)^4 \tag{15・17}$$

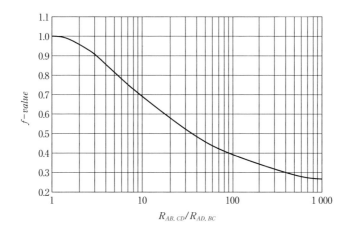

図 15・4 f 値と $R_{AB,CD}/R_{AD,BC}$ の関係

　ファン・デア・パウ法によるホール係数の測定は，ホールバーの場合と同様，試料に垂直方向に磁場 B_z を印加し，ホール電圧 V_H の測定を行う．ホール電圧は図 15・3 の試料の対向電極 AC に電流を流した場合，他の対向電極 BD 間に生じる電位差を，測定することによって得られる．ただし一般に電極構成は完全に対称ではないので，磁場のない状態でも BD 間に電位差が発生してしまう．したがって，ホール電圧は磁場のある場合とない場合の V_{BD} の差によって求められる．すなわち

$$V_H = \Delta V_{BD} = V_{BD}(B_z) - V_{BD}(B=0) = \frac{R_H}{d} I_{AC} B_z \tag{15・18}$$

となる．これを用いてキャリア濃度は，

$$n, p = \frac{1}{q|R_H|} = \left|\frac{I_{AC} B_z}{q V_H d}\right| \tag{15・19}$$

となり，これらのキャリア濃度と式 (15・14) の ρ_s により移動度は，

$$\mu_{n,p} = \left|\frac{V_H}{I_{AC} \rho_s B_z}\right| \tag{15・20}$$

のように求められる．市販のホール効果測定装置はホールバーを用いる方法，ファン・デア・パウ法を用いる方法の両方に対応しているものが多い．いずれの場合にも電流，磁場の切り替えはコンピュータによって制御されており，結果は自

15 章 ■ 現代の計測技術への誘い—電子工学における計測（2）

動的に得られるようになっている．しかし測定原理を熟知し，測定プロセスに現れる数値をよく検討することは，測定結果の正確さ，信頼性を知る上で極めて重要である．

演習問題

1 ホール効果を測定すると，試料の中を流れるキャリアが負の電荷を持つ電子なのか正の電荷を持つ正孔なのかを見分けることができる．この弁別機構をわかりやすく説明せよ．

2 ホール効果を利用したデバイスとしてホール素子がある．これは磁気センサで小さい磁場でも感度よく検出するデバイスである．ホール効果の測定原理を踏まえて，感度のよいホール素子に必要な材料の特徴を述べよ．

3 図 15·2 のようなホール素子（p 型，幅 w，厚さ d）がある．この半導体の電極 AB 間に電流 I を流し，かつ面に垂直な方向（z 方向）に均一な磁場 B_z をかける．このときホール電圧 V_H が発生する端子を示せ．また V_H を求めよ．さらに正孔濃度 p を求めよ．また電極 CD 間に発生する電圧 V_x を用いてこの半導体の伝導率 σ を求めよ．これらの結果により正孔の移動度 μ を求めよ．

4 p 型半導体により図 15·2 のようなホール素子を製作し測定を行ったところ，ホール電圧 $V_H = 1$ mV であった．このとき正孔濃度 p および移動度 μ を求めよ．ただし，電流 $I = 1$ mA，磁場 $B_z = 10^{-4}$ wb/cm^2，厚さ $d = 10$ μm，幅 $w = 1$ mm，および CD 間の距離 $l = 5$ mm，電圧 $V_x = 5$ mV とする．

演習問題解答

1章

1 平均値：2.13 Ω　標準偏差：0.09 Ω

2 平均値：2.01 Ω　標準偏差：0.02 Ω

3 **1** 偏位法　**2** 零位法

正確さ：**2** の測定法で得た抵抗値は **1** の計測法で得た抵抗値より正確である．

精密さ：**2** の測定法で得た抵抗値は **1** の計測法で得た抵抗値より精密である．

正確さ：偏位法で低抵抗を測ると，電流計内部の抵抗を無視できなくなる．計器による影響を受け 2.000 Ω からずれて測定される．一方ホイートストンブリッジのような零位法で低抵抗を測るときは，基準抵抗を変化させて検流計の値を 0 にするので，検流計の抵抗は無関係となる．よって計器による影響を受けない．そのため，零位法で得た抵抗値の方が正確となる．

精密さ：どちらの測定法においても直流電源を用いているが，直流電源には経時的な電源電圧の変動がある．電源電圧と電流の関係から抵抗を測定する偏位法ではその影響を受け，測定値にばらつきが生じる．零位法による抵抗測定では電源電圧に無関係であるため影響を受けず，測定値がさほどばらつかない．よって零位法で得た抵抗値の方が精密となる．

4 $R = 0.98$ Ω, $R_0 = 0.25$ Ω

5 189, 595, 267, 3.22×10^3, 6.37×10^4, 7.45×10^5

2章

1 ニュートンの法則から物体に加わる力 F 〔N〕= 重さ m 〔kg〕× 加速度 a 〔m/s^2〕を得る．力が加わった物体を単位長さ分だけ変位させたときの仕事 W 〔J〕= F × 長さ l 〔m〕はエネルギーであり，単位時間当たりのエネルギーが電力 P 〔W〕= W ÷ 時間 t 〔s〕である．その次元を基本単位で表すと m^2·kg·s^{-3} となる．得られた電力と電流を用いて $P = V \times I$ 〔A〕の関係から電圧を基本単位で表現すると m^2·kg·s^{-3}·A^{-1} になる．

2 光速：299.792458 Mm/s, 真空の誘電率：8.854187817 pF/m

3 $\Delta V = 19.00883$ μV, 1.017999 V

4 $R = 12906.403$ Ω

5 -20.36 μV, 1.017979 V

143

演習問題解答 ◯──

3章

1 $R + R_A = \dfrac{1.50\text{ V}}{5.00\text{ mA}} = 300\ \Omega$

従って,

$$R = (300\ \Omega) - R_A = 250\ \Omega$$

電流計挿入前の電流は,

$$I = \dfrac{1.50\text{ V}}{250\ \Omega} = 6.00\text{ mA}$$

誤差は,$(5.00\text{ mA}) - (6.00\text{ mA}) = -1.00\text{ mA}$.

相対誤差は,$(-1.00\text{ mA})/(6.00\text{ mA}) = -16.7\%$

2 1.3 A を測定したいので,フルスケールを 1.5 A または 2 A 程度にすれば良い.式(3・7)により,

$$R_S = \dfrac{R_A}{\dfrac{I_M}{I_A} - 1} = \dfrac{100\ \Omega}{\dfrac{2.00\text{ A}}{100\text{ mA}} - 1} = 5.26\ \Omega\quad(フルスケールを 2 A にする場合)$$

であるから,7.14 Ω または 5.26 Ω 程度.

3 (略)

4 (略)

5 $R_S = 1\ \Omega$ なので,フルスケールに対応するのは

$$R_S I = (1\ \Omega)(50\text{ mA}) = 50\text{ mV}$$

である.これを 500 mV の電圧計で受けるので,

$$R_2/R_1 = 10$$

になるように抵抗を選べば良い.ただし,

$$R_S \ll R_1$$

の条件を満たす必要があるので,例えば,$R_1 = 10\text{ k}\Omega$ と $R_2 = 100\text{ k}\Omega$.

4章

1 $R_M = \dfrac{(1.00\text{ k}\Omega)(20.0\text{ k}\Omega)}{1.00\text{ k}\Omega + 20.0\text{ k}\Omega} = 0.952_4\text{ k}\Omega$

したがって測定される電圧は,

$$V_M = \dfrac{0.952_4\text{ k}\Omega}{1.00\text{ k}\Omega + 0.952_4\text{ k}\Omega}(1.50\text{ V}) = 0.731_7\text{ V}$$

電圧計を接続しなければ端子間電圧は 0.750 V であるから,誤差は

$$0.731_7\text{ V} - 0.750\text{ V} = -0.018_3\text{ V}$$

相対誤差は,

$$(-0.018_3\text{ V})/(0.750\text{ V}) = -2.4\%$$

144

2 式(4·1)～(4·6)で，R_1 を全て $(r_o + R_1)$ に置き換えればよい．

3 フルスケールを 2 V になるようにすれば良い．電圧計の目盛が 20 倍になるようにする．

$$1 + \frac{R_S}{R_V} = \frac{V_\mu}{V} = \frac{2\,\text{V}}{100\,\text{mV}} = 20$$

これより，$R_S = 3.8\,\text{M}\Omega$

4 （略）

5 （略）

5章

1 （1）式(5·1)で $R = V/I$ であるので，$R_X = R - R_A = (200\,\Omega) - (50.0\,\Omega) = 150\,\Omega$

相対誤差は，$\dfrac{150\,\Omega}{200\,\Omega} - 1 = -25.0\%$

（2）式(5·2)で $R = V/I$ であるので，$R_x = R\left(1 + \dfrac{R_x}{R_V}\right)$，これより，

$$R_X = \frac{R_V R}{R_V - R} = \frac{(20.0\,\text{k}\Omega)(200\,\Omega)}{20.0\,\text{k}\Omega - 200\,\Omega} = 202\,\Omega$$

相対誤差は，$\dfrac{202\,\Omega}{200\,\Omega} - 1 = 1.00\%$

（3）$R_X = R - R_A = 0.95\,\text{k}\Omega$

相対誤差は，$\dfrac{0.95\,\text{k}\Omega}{1.00\,\text{k}\Omega} - 1 = -5.0\%$

（4）$R_X = \dfrac{R_V R}{R_V - R} = \dfrac{(20.0\,\text{k}\Omega)(1.00\,\text{k}\Omega)}{20.0\,\text{k}\Omega - 1.00\,\text{k}\Omega} = 1.05\,\text{k}\Omega$

相対誤差は，$\dfrac{1.05\,\text{k}\Omega}{1.00\,\text{k}\Omega} - 1 = 5.00\%$

（5）$R_X = R - R_A = 4.00\,\text{M}\Omega$

相対誤差は，0.00%

（6）図 5·2（b）の回路構成で $R_V \ll R_x$ であると，電流は全て電圧計の方を流れる．なので，計測される V/I は $V/I = R_V I/I = R_V = 20.0\,\text{k}\Omega$ になる．

2 平衡条件は，

$$R_1 \cdot \frac{1}{\text{j}\omega C_1} = \left(\frac{1}{\dfrac{1}{R_2} + \text{j}\omega C_2}\right)\left(R_X + \frac{1}{\text{j}\omega C_X}\right)$$

これを整理して，

$$R_X = \frac{C_2}{C_1}R_1, \quad C_X = \frac{R_2}{R_1}C_1$$

3 平衡条件は，

$$(R_X + j\omega L_X)\left(\frac{1}{\dfrac{1}{R_1} + j\omega C_1}\right) = R_2 R_3$$

これを整理して，

$$R_X = \frac{R_2 R_3}{R_1}, \quad L_X = C_1 R_2 R_3$$

6章

1 $Q = C_F V = (200\,\text{pF} + 100\,\text{pF})(650\,\text{mV}) = 0.195\,\text{nC}$

2 $V_O = -\dfrac{Q}{C_R} = -\dfrac{55.0\,\text{pC}}{100\,\text{pF}} = -550\,\text{mV}$

3 $V_S = \dfrac{\sigma d}{\varepsilon_r \varepsilon_0} = \dfrac{(-3.20 \times 10^{-5}\,\text{C/m}^2)(100\,\mu\text{m})}{(2.20)(8.85 \times 10^{-12}\,\text{F/m})} = -164\,\text{V}$

4 （略）

5 （略）

6 （略）

7章

1 （a）の誤差 $\dfrac{V_L{}^2}{R_V} = \dfrac{50^2}{50 \times 10^3} = 0.05\,\text{W}$

（b）の誤差 $I_A{}^2 R_A = 1^2 \times 1 = 1\,\text{W}$

2 $\dfrac{1}{T}\int_0^T p(t)dt = \dfrac{\omega}{2\pi}\int_0^{\frac{2\pi}{\omega}} VI\{\cos(\phi_V - \phi_I) - \cos(2\omega t + \phi_V + \phi_I)\}dt$

$\qquad\qquad\quad = VI\cos(\phi_V - \phi_I)$

3 $\bar{\dot{I}} = Ie^{-j\phi_I}$

$\dot{V}\bar{\dot{I}} = Ve^{j\phi_V}Ie^{-j\phi_I} = VIe^{j(\phi_V - \phi_I)}$

$\quad = VI\{\cos(\phi_V - \phi_I) + j\sin(\phi_V - \phi_I)\}$

4 複素インピーダンス $\dot{Z} = R + \dfrac{1}{j\omega C} = 20 - j10$ 〔Ω〕

$$\dot{I} = \frac{\dot{V}}{\dot{Z}} = \frac{100}{20 - j10} = 2(2 + j)\ \text{〔A〕}$$

$$\dot{V}\bar{\dot{I}} = 100\cdot 2(2 - j) = 400 - j200$$

従って，

電力 $P = 400\,\text{W}$，無効電力 $Q = -200\,\text{var}$，力率 $\cos\theta = \dfrac{P}{VI} = \dfrac{400}{100 - 2\sqrt{4+1}} = \dfrac{2}{\sqrt{5}}$

146

5

$$\tau_1(t) = K\sqrt{2}I_L \sin(\omega t - \phi) \times \sqrt{2}I_{M1} \sin \omega t \cos\left(\frac{\pi}{2} - \theta\right)$$

$$= KI_L I_{M1}\{\cos(-\phi) - \cos(2\omega t - \phi)\}\cos\left(\frac{\pi}{2} - \theta\right)$$

$$\tau_2(t) = K\sqrt{2}I_L \sin(\omega t - \phi) \times \sqrt{2}I_{M2} \sin\left(\omega t - \frac{\pi}{2}\right)\cos\theta$$

$$= KI_L I_{M2}\left\{\cos\left(-\phi + \frac{\pi}{2}\right) - \cos\left(2\omega t - \phi - \frac{\pi}{2}\right)\right\}\cos\theta$$

$$T_1 = \frac{1}{T}\int_0^T \tau_1(t)dt = \frac{\omega}{2\pi}KI_L I_{M1}\int_0^{\frac{2\pi}{\omega}}\{\cos\phi - \cos(2\omega t - \phi)\}dt \cos\left(\frac{\pi}{2} - \theta\right)$$

$$= KI_L I_{M1}\cos\phi\cos\left(\frac{\pi}{2} - \theta\right)$$

$$T_2 = \frac{1}{T}\int_0^T \tau_2(t)dt = \frac{\omega}{2\pi}KI_L I_{M2}\int_0^{\frac{2\pi}{\omega}}\left\{\cos\left(-\phi + \frac{\pi}{2}\right) - \cos\left(2\omega t - \phi - \frac{\pi}{2}\right)\right\}dt \cos\theta$$

$$= KI_L I_{M2}\cos\left(\frac{\pi}{2} - \phi\right)\cos\theta$$

6 指示値 θ は式(7·25)より $\dfrac{k_1}{k_2}I_F I_M \cos\phi$ で与えられる. $I_M = \dfrac{V_L - I_F R_F}{R_M}$ であるので,

$$\theta = \frac{k_1}{k_2}I_F\frac{V_L - I_F R_M \cos\phi}{R_M} = \frac{k_1}{k_2}\frac{I_F V_L}{R_M}\left(1 - \frac{I_F R_F}{V_L}\right)\cos\phi = \frac{k_1}{k_2}\frac{I_L V_L}{R_M}\left(1 - \frac{I_L R_F}{V_L}\right)\cos\phi \quad \text{となり},$$

誤差は $-\dfrac{I_L R_F}{V_L}$ となる.

8章

1 図 8·1 (a) よりアルミニウム板を貫く磁束 $\dot{\Phi}_C$ が増加する位相では,渦電流が図 8·1 (c) に示されるように流れる.これと電圧コイルによる磁束 $\dot{\Phi}_P$ により矢印の向きに力が働く.電圧コイルと電流コイルに流れる電流の間には,負荷による位相差が存在するので,1周期で平均するとトルクが生ずる.

2 省略

9章

1 $P_N/\Delta f = 4k_B T = 4 \cdot 1.38 \times 10^{-23} \cdot (20 + 273) = 1.62 \times 10^{-20}$ 〔W/Hz〕

2 $v_N = \sqrt{4k_B T \Delta f R} = \sqrt{4k_B T/(2\pi C)} = \sqrt{4 \cdot 1.38 \times 10^{-23} \cdot 293/(2\pi \cdot 1 \times 10^{-12})}$

   $= 5.1 \times 10^{-5} = 51\,\mu\text{V}$

3 $0 = 10\log_{10}\dfrac{P_S}{P_N} \rightarrow \dfrac{P_S}{P_N} = 10^{\frac{0}{10}} = 1, \quad \dfrac{P_S}{P_N} = 10^{\frac{10}{10}} = 10$

147

$10\log_{10}1\,000 = 30, \quad 10\log_{10}1\,000\,000 = 60$

10章

1 10・2節〔2〕項参照．

2 72°

3 10・3節〔1〕項および10・3節〔2〕項参照．

4 10・3節〔3〕項参照．

11章

1 $b_n = \dfrac{2}{4}\displaystyle\int_0^4 t\sin\dfrac{n\pi t}{2}dt = \dfrac{4(-1)^{n+1}}{n\pi}$ なので，

$f(t) = \dfrac{4}{\pi}\sin\dfrac{\pi t}{2} - \dfrac{2}{\pi}\sin\pi t + \dfrac{4}{3\pi}\sin\dfrac{3\pi t}{2} - \cdots$

2 $c_n = \dfrac{1}{\pi}\displaystyle\int_{-\pi/2}^{\pi/2} A\cos t \cdot e^{-2jnt}dt = \dfrac{A}{\pi}\displaystyle\int_{-\pi/2}^{\pi/2}\left(\dfrac{e^{jt}+e^{-jt}}{2}\right)e^{-2jnt}dt = \dfrac{2A}{\pi}\dfrac{(-1)^{n+1}}{4n^2-1}$ より，

$A|\cos t| = \dfrac{2A}{\pi}\displaystyle\sum_{n=-\infty}^{\infty}\dfrac{(-1)^{n+1}}{4n^2-1}e^{2jnt}$

3 $F(\omega) = \dfrac{1}{\sqrt{2\pi}}\displaystyle\int_0^{\infty}e^{-at}e^{-j\omega t}dt = \dfrac{1}{\sqrt{2\pi}}\dfrac{1}{a+j\omega}$

4 $f_c = \dfrac{1}{2\pi CR} = \dfrac{1}{2\pi(0.1\times 10^{-6})(1\times 10^3)} = 1.6\text{ kHz}$

12章

1 右の図から，

$x\sin\theta_1 = \lambda_1 = \dfrac{c}{n_1\nu}, \quad x\sin\theta_2 = \lambda_2 = \dfrac{c}{n_2\nu}$

よって $n_1\sin\theta_1 = n_2\sin\theta_2$

だから，$\dfrac{\sin\theta_1}{\sin\theta_2} = \dfrac{n_2}{n_1}$

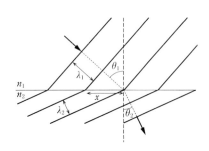

2 空気の屈折率 $n_2 = 1$ とすれば，式(12・2)より

$\theta_{1c} = 41.8°$

3 光源波長を λ とするとマイケルソン干渉計の光路長変化は $\lambda/2$ となる．また，ヘテロダイン干渉計の干渉位相は電気信号の位相に変換されるので，電気位相計の測定分解能が 0.1° であれば，最小検出変位量 ΔL_m は次式のようになる．

$\Delta L_m = \dfrac{(633/2)}{(360/0.1)} = 0.088\text{ mm}$

4 式(12・13)より大気中の屈折率は真空中と同じく1として

$$\Delta t = \frac{2L}{c} = \frac{384\,400 \times 2}{300\,000} = 2.56 \text{ s}$$

13章

1 式(13・1)より回折限界のスポットサイズは，

$$\delta = 0.61 \frac{\lambda}{NA} = 0.61 \times \frac{0.5}{0.6} = 0.51 \text{ μm}$$

また，水中では，NA は 1.33 倍になるので，$\delta = 0.38$ μm となる．

2 SNOM と類似の顕微鏡にはいくつかある．その中で歴史的にも古いのが，走査型トンネル顕微鏡（STM），原子間力顕微鏡（AFM）である．それぞれの特徴は以下の通りである．

	物理量	プローブ材料	観測性能	試料の制限
STM	トンネル電流	タングステン	原子像	導電性試料
AFM	原子間力	シリコン	原子像	導電性，非導電性試料いずれも可能

3 光ファイバーの構造は，光が伝搬するコア部とそれよりも屈折率が低いクラッド部からなり，光はコア部を全反射しながらほとんど減衰せずに伝搬していく．材料としては，シリカガラスやプラスチック材料等の光学的に透明材料が使われている．種類としては，コア部が 10 μm 程度のシングルモードファイバーとコア部が大きく多くの伝搬モードが得られるマルチモードがある．

4 シアフォースとは，プローブ先端に加わる横方向の力である．プローブ先端が試料表面と接触し始めるとシアフォースによって振動振幅が減衰するので，試料表面とプローブ先端の距離に依存して以下のような応答をする．

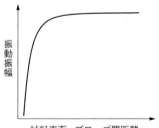

演習問題解答 ●━━

14章

1 式(14·3), (14·4)を用いて $n = p$ を求めると

$$N_C e^{-\frac{(E_C - E_F)}{kT}} = N_V e^{-\frac{(E_F - E_V)}{kT}}$$

これより

$$E_F = \frac{E_C + E_V}{2} + \frac{1}{2}kT \ln\left(\frac{N_V}{N_C}\right) = \frac{E_C + E_V}{2} + \frac{3}{4}kT \ln\left(\frac{m_h^*}{m_e^*}\right)$$

第2項は通常小さいので E_F はバンドギャップのほぼ中央になる.

2 同様に式(14·3), (14·4)を用いて np を求めると

$$np = 4\left(\frac{kT}{2\pi\hbar^2}\right)^3 (m_e^* m_h^*)^{\frac{3}{2}} e^{-\frac{E_g}{kT}}$$

この結果は np 積は温度のみの関数となり, ドーピング(ドーピングによって E_F が変化)によらない一定量となる. これは np 一定則とよばれる. この結果はまたドーピングによって, たとえば電子濃度 n を増加させると, 同じ桁数で正孔濃度 p が減少することを示している.

3 式(14·13)より $\sigma = nq\mu$. ここに与えられた数値をいれると,

$$\sigma = nqu = 2 \times 10^{16}\,\mathrm{cm}^{-3} \cdot 1.6 \times 10^{-19}\mathrm{C} \cdot 300\,\mathrm{cm}^2\mathrm{V}^{-1}\mathrm{S}^{-1} = 0.96\,\Omega^{-1}\,\mathrm{cm}^{-1}$$

が得られる. これより $\rho = \dfrac{1}{\sigma} = 1.04\,\Omega \cdot \mathrm{cm}$

4 式(14·14)を一次元で表示する. 熱平衡状態では

$$J_{ex} = nq\mu_n E_x + qD_n \frac{dn}{dx} = 0 \quad (\text{演 }14\cdot1)$$

また式(14·3)より $n = N_C e^{-\frac{E_C - E_F}{kT}}$. これより上記右辺の $\dfrac{dn}{dx}$ は,

$$\frac{dn}{dx} = \frac{dn}{d[-(E_C - E_F)]}\frac{d[-(E_C - E_F)]}{dx} = -\frac{n}{kT} \cdot -\frac{dE_C}{dx} = \frac{n}{kT} \cdot \frac{dqV_C}{dx} = -\frac{n}{kT}qE_x$$

これを式(演 14·1)に代入すると,

$$nq\mu_n \boldsymbol{E} = -qD_n \frac{dn}{dx} = qD_n \frac{n}{kT}qE_x$$

これより $\mu_n = \dfrac{q}{kT}D_n$ (アインシュタインの関係)

15章

1 図15·1を用いて説明する. キャリアが正の電荷をもつ正孔の場合, 荷電粒子の速度 v の方向は電流の方向と同じ (x の正方向) である. 磁場が z の正方向であるため, ローレンツ力は y の負方向に生じる. このため正孔は y の負方向に力を受け, ここに蓄積する. このため y の負方向がホール電圧の正となる. 一方荷電粒子が負の電

荷をもつ電子の場合，荷電粒子の速度 v は電流と逆方向で x の負の方向となる．このためローレンツ力の方向は y の正方向になる．しかしローレンツ力の実際の方向は $F_y = q(v \times B_z)$ において q が負のため，この場合も荷電粒子（電子）は y の負方向に蓄積する．このためこの場合は，ホール電圧は y の負方向が負となる．このようにホール電圧の極性で荷電粒子の正，負を決定することができる．

2 ホール素子としての性能は小さい磁場を効率よく測定できることである．つまり低磁場でも安定した高いホール電圧を生じることである．ホール電圧は $V_H = \dfrac{IB}{nqd}$ で与えられる．ここで n は半導体のキャリア濃度，d は半導体の厚さである．一定の電流，磁場 (IB) のもとで高い V_H を得るためには，低い n，薄い d を用いることが不可欠である．しかし n や d を小さくすると必然的にデバイスの電気抵抗が増加し，この結果雑音が増加する．キャリア濃度を低くし，かつ抵抗の増加を緩和するには，高い移動度の半導体を使うことが重要な条件となる．

3 ホール電圧が発生する電極は $E - F$，その大きさは $V_H = \dfrac{IB_z}{pqd} = R_H \dfrac{IB_z}{d}$，ただし

$R_H = \dfrac{1}{pq}$（ホール係数）．よって正孔濃度は $p = \dfrac{IB_z}{qdV_H}$，一方導電率 σ については

$R_x = \dfrac{V_x}{I} = \dfrac{l}{s}\rho = \dfrac{l}{wd}\dfrac{1}{\sigma}$ よって $\sigma = \dfrac{l}{wd} \cdot \dfrac{I}{V_x}$．ところで $\sigma = pq\mu$ であるから，

$R_H \sigma = \dfrac{1}{pq} pq\mu = \mu$

4 上記の式に測定値を入れることにより，

$p = 6.25 \times 10^{17}\ \mathrm{cm}^3$，$R_H = 10\ \mathrm{cm}^3/\mathrm{C}$，また $\sigma = 1{,}000(\Omega \cdot \mathrm{cm})^{-1}$，これより
$\mu = 10^4\ \mathrm{cm}^2/\mathrm{V \cdot s}$

参 考 文 献

■ 1章・2章共通
廣瀬明：電気電子計測（第2版），pp. 1-40，数理工学社（2015）

山﨑弘郎：電気電子計測の基礎，pp. 1-24，電気学会（2005）

阿部武雄，村山実：電気・電子計測（第3版），pp. 1-21，森北出版（2012）

浅野健一，岡本知巳，久米川孝二，山下晋一郎：電子計測，pp. 1-24，コロナ社（1986）

大森俊一，根岸照雄，中根央：基礎電気電子計測，pp. 1-15，朝倉書店（2008）

新妻弘明，中鉢憲賢：新版電気・電子計測，pp. 1-13，朝倉書店（2003）

中本高道，山中高夫：電気電子計測，pp. 1-16，培風館（2009）

小野俊彦，久保英範，山口俊尚：電気・電子計測，pp. 1-30，愛智出版（1994）

■ 2章
金子晋久：量子ホール抵抗標準の研究の現状，産総研計量標準報告 Vol. 2, pp. 617-625 （2004）

丸山道隆：ジョセフソン電圧標準の現状，産総研計量標準報告 Vol. 8, pp. 263-278 （2011）

大江武彦：量子電気標準の件譲渡研究開発動向，産総研計量標準報告 Vol. 6, pp. 119-127（2009）

■ 7章・8章
1　阿部武雄，村山実：電気・電子計測［第3版］，森北出版（2012）

2　大浦宣徳，関根松夫：大学課程基礎コース 電気・電子計測，pp. 126-148，オーム社（2012）

3　田中正吾，山本尚武，西守克己：基礎電気計測，pp. 100-116，朝倉書店（1995）

4　大森俊一，横島一郎，中根央：高周波・マイクロ波測定，pp. 93-112，コロナ社（1992）

5　藤森一夫：電子通信大学講座15 改版マイクロ波回路，pp. 113-116，コロナ社（1972）

■ 10章
鳥居孝夫：計測と信号処理，pp. 139-159，コロナ社（1998）

■ 11章
中村福三，千葉明：電気回路基礎論，pp. 126-135，朝倉書店（1999）

内藤喜之：電気・電子基礎数学，pp. 119-148，電気学会（1980）

■ 12章

1 吉澤徹, 瀬田勝男編：光ヘテロダイン技術, p.11, 新技術コミュニケーションズ (2003)

2 谷田貝豊彦：応用光学——光計測入門, p121, 丸善 (1988)

■ 13章

1 大津元一, 河田聡, 堀裕和編：ナノ光工学ハンドブック, p.252, 朝倉書店 (2002)

■ 15章

1 van der Pauw, L.J.：A method of measuring specific resistivity and hall effect of disks of arbitrary shape, Philips Reserch Reports. Vol.13, pp.1-9, Elsevier (1958)

索　引

■ア　行■

アクセプター　*131*
アナログオシロスコープ　*98*
アナログ抵抗計　*42*
アナログ電圧計　*34*
アナログ電流計　*23*
暗視野モード　*121*

移動平均　*85*
インスツルメンテーション・アンプ
　　　　　　　　　　　　　　　　36
インピーダンス　*43*

エバネッセント波　*121*
円偏光　*107*

オイラーの公式　*93*
オシロスコープ　*37*
オープンループ制御方法　*125*
オペアンプ　*25*
オームの法則　*134*

■カ　行■

回帰直線　*10*
回　折　*105*
回折限界　*117*
ガウス分布　*5*
拡散係数　*134*

拡散電流成分　*134*
仮想接地　*28*
価電子帯　*130*
可動コイル型　*24*
可動鉄片型　*24*
カロリーメータ形電力計　*69*
干　渉　*105*
干渉縞　*105*
間接測定　*3*
観測モード　*119*

帰還回路　*27*
帰還抵抗　*27*
基準電位　*25*
近接場光学顕微鏡　*117*
金属プローブ　*122*

偶然誤差　*4*
屈折の法則　*103*
組立単位　*13*
クランプ電流計　*25*
クローズドループ制御法　*125*

計装アンプ　*36*
計　測　*1*
計測標準　*16*
系統誤差　*4*
原子間力制御　*124*
検流計　*33*

索　引

光学計測　*102*

光　源　*124*

交流電力　*59*

交流ブリッジ　*44*

誤　差　*3*

誤差率　*4*

■サ　行■

最小二乗法　*7*

差　動　*77*

差動構造　*77*

サーミスタ　*68*

三電圧計法　*60*

三電流計法　*61*

シアフォース制御　*123*

時　間　*15*

軸ゼーマンレーザー　*127*

自己相関関数　*86*

実効電力　*60*

実用領域　*133*

質　量　*15*

縞計数法　*108*

集光モード　*120*

終端形電力計　*68*

周波数領域測定　*89*

照明・集光モード　*120*

照明モード　*119*

ジョセフソン接合　*17*

ジョセフソン定数　*17*

ショットノイズ　*74*

信号源　*2*

真性半導体　*130*

真　値　*3*

スペクトル　*89*

スペクトルアナライザ　*99*

スループット　*120*

正確さ　*6*

正規分布　*5*

正　孔　*130*

精密さ　*6*

絶縁体　*130*

接頭語　*16*

ゼーマンレーザ　*109*

選択化学エッチング法　*122*

全反射　*104*

走査機構　*125*

相対誤差　*4*

増幅率　*26*

測　定　*1,2*

■タ　行■

楕円偏光　*107*

置換法　*3*

チャージアンプ　*48*

チューブ型　*126*

直進性の利用　*103*

直接測定　*3*

直線偏光　*107*

直流電力　*56*

通過形電力計　*70,71*

ディジタルオシロスコープ　*80,98*

ディジタル抵抗計　*41*

ディジタル電圧計　*34*

155

索　引

ディジタル電流計　*24*
ディジタルマルチメータ　*24*
電圧フォロワー　*35*
電位差法　*33*
電荷―電圧変換回路　*48*
電界計　*52*
電界計測　*53*
電気伝導　*134*
電　子　*130*
電磁波　*102*
伝導帯　*130*
電　流　*16*
電流―電圧変換回路　*29*
電流力計形電力計　*58,61*
電流力計形力率計　*63*

同期加算　*84*
同軸線形方向性結合器　*71*
導波管形方向結合器　*70*
ドナー　*131*
ドナー準位　*132*
ド・モアブルの公式　*93*
トライポッド　*126*
トリガ　*81*
ドリフト電流　*134*
トレーサビリティ　*19*
トンネル電流制御　*123*

■ナ　行■

ナイフエッジ法　*114*
長　さ　*15*
ナノインデント痕　*128*

二端子法　*39*

熱雑音　*73*
熱電効果電力計　*69*

ノイズ　*73*

■ハ　行■

ハイパスフィルタ　*97*
倍率器　*32*
バーチャルグランド　*28*
バーチャルショート　*28*
バッファアンプ　*35*
バレッタ　*68*
反射の法則　*103*
反転増幅回路　*27*
バンドギャップエネルギー　*129*
バンドパスフィルタ　*97*

ピエゾ素子　*125*
光強度変調法　*111*
光検出器　*125*
光パルス法　*110*
光ビート信号　*110*
光ヘテロダイン干渉法　*109*
光ヘテロダイン法　*114*
非点収差　*113*
微動走査機構　*118*
非反転増幅回路　*29*
ピペットプラー　*121*
標準偏差　*5*
標本化　*81*
表面粗さ計測　*112*
表面電位　*51*

ファラデーケージ　*48*
ファン・デア・パウ法　*138,139*

索　引

フィードバック式表面電位計測法
54

フィールドミル　53

風車型電界計　53

フェルミディラック分布関数　130

フォンクリッツィング定数　18

負荷効果　22

複屈折近接場光学顕微鏡　126

複素フーリエ級数　93

複素フーリエ係数　93

フラウンホーファー回折　105

フーリエ級数　90

フーリエ級数展開　90

フーリエ係数　90

フーリエ変換　94

ブリッジ回路　41

プレトリガ　82

フレネル回折　105

プローブ　118,121

分極値制御法　125

分流器　22

平均値　5

偏位法　3

偏光　106

ホイートストンブリッジ回路　41

方向性結合器　70

補償　75

補償構造　75

補助単位　13

ポストトリガ　82

ホール係数　137

ホール効果　136

ホール電場　137

ホールバー　138

ボロメータ法　68

ホワイトノイズ　74

■ マ 行 ■

マイクロ波電力　69

まちがい　4

マンガニン　18

無効電力　60,62

メニスカスエッチング法　122

■ ヤ 行 ■

有効数字　10

誘導形電力量計　66

溶融延伸法　121

四端子法　40

■ ラ 行 ■

力率　60

離散スペクトル　96

離散フーリエ変換　96

理想オペアンプ　26

量子化　81

臨界角　104

零位法　3,33

連続スペクトル　96

ローパスフィルタ　96

ローレンツ力　136

157

索　　引

▰ 英数字・記号 ▰

DMM　*24*

LCR メーター　*45*

PZT スキャナー　*125*

SI 基本単位　*13*

SI 単位系　*13*

SNOM　*117*

S/N 比　*75*

1/*f* ノイズ　*74*

n 型　*133*

p 型　*133*

〈編者・著者略歴〉

田實佳郎（たじつ よしろう）
1980 年　早稲田大学大学院理工学研究科物理及び応用物理修士課程修了
1988 年　理学博士
現　在　関西大学システム理工学部電気電子情報工学科教授

宝田　隼（たからだ じゅん）
2012 年　筑波大学大学院情報システム学研究科知能機能システム専攻博士課程修了
2012 年　博士（工学）
現　在　東京理科大学理工学部電気電子情報工学科助教

松山　達（まつやま たつし）
1992 年　東京大学大学院工学系研究科単位取得退学
1995 年　博士（工学）
現　在　創価大学理工学部共生創造理工学科教授

大西正視（おおにし まさみ）
1974 年　京都大学工学研究科電気工学専攻修士課程修了
1978 年　工学博士
　　　　前 関西大学システム理工学部電気電子情報工学科教授

大澤穂高（おおさわ ほだか）
2000 年　関西大学大学院工学研究科電気工学専攻修了
2008 年　博士（総合工学）
現　在　関西大学システム理工学部電気電子情報工学科助教

山本　健（やまもと けん）
1997 年　東京大学大学院工学系研究科物理工学博士課程修了
1997 年　博士（工学）
現　在　関西大学システム理工学部物理・応用物理学科教授

梅田倫弘（うめだ のりひろ）
1977 年　静岡大学大学院工学研究科電子工学専攻修士課程修了
　　　　工学博士
現　在　東京農工大学工学部機械システム工学科教授

堀越佳治（ほりこし よしじ）
1971 年　東北大学大学院工学研究科電気工学博士課程修了
1971 年　工学博士
現　在　早稲田大学名誉教授

- 本書の内容に関する質問は，オーム社ホームページの「サポート」から，「お問合せ」の「書籍に関するお問合せ」をご参照いただくか，または書状にてオーム社編集局宛にお願いします．お受けできる質問は本書で紹介した内容に限らせていただきます．なお，電話での質問にはお答えできませんので，あらかじめご了承ください．
- 万一，落丁・乱丁の場合は，送料当社負担でお取替えいたします．当社販売課宛にお送りください．
- 本書の一部の複写複製を希望される場合は，本書扉裏を参照してください．

[JCOPY] ＜出版者著作権管理機構 委託出版物＞

OHM 大学テキスト
電気電子計測

2018 年 1 月 25 日	第 1 版第 1 刷発行
2025 年 3 月 30 日	第 1 版第 2 刷発行

編 著 者　田 實 佳 郎
発 行 者　村 上 和 夫
発 行 所　株式会社 オーム社
　　　　　郵便番号　101-8460
　　　　　東京都千代田区神田錦町 3-1
　　　　　電話　03(3233)0641(代表)
　　　　　URL　https://www.ohmsha.co.jp/

© 田實佳郎 2018

印刷・製本　デジタルパブリッシングサービス
ISBN978-4-274-21480-6　Printed in Japan